灵江秀水处　龙游青山间

黄国平　周土香　著

谭徐明　总主编

世界灌溉工程遗产研究丛书

# 总序

在世界广袤的大地上，分布着丰富且类型多样的人类文明，古代灌溉工程就是其中之一。直到今天，还有相当数量的古代灌溉工程在持续地为人们提供着生活、灌溉和生态供水服务。现存的古代灌溉工程历经长久考验，没有成为西风残照的废墟，也没有成为书籍中刻板的回忆，而是以与自然融为一体的形态存在，并成为兼具工程价值、科学价值和文化价值的人类文明奇迹。

2014年，国际灌溉排水委员会（ICID）开始在世界范围内评选收录灌溉工程遗产，旨在挖掘、保护、利用和宣传具有历史意义的灌溉工程所蕴含的自然哲理、科学思想、文化价值和实用价值。从2014年至2020年，经由中国国家灌排委员会推荐和国际评委会评审，我国有安徽的芍陂、四川的都江堰等二十处具有历史意义的灌溉工程入选世界灌溉工程遗产名录。由此，古老而丰富的中国灌溉工程遗产向世界又开启了一个了解和认识中国文明史的新窗口，让更多的人走进中国悠久而辉煌的水利史，探索这些工程中蕴藏的人与自然和谐相处的理念和古代贤人因势利导的治水智慧和方略。

粮食充裕则天下稳定，人民安居乐业，而灌溉工程正是在洪涝干旱灾害频发的自然环境下保障粮食丰收的关键所在。中国是灌溉文明古国，历朝历代从一国之君到州县官员无不重农桑兴水利，并确立了从中央到民间权、责、利相互结合的灌溉管理制度。农耕文明下的这些灌溉工程及其管理制度和道德约束，为水利发展注入了民族精神，并在历史的长河中衍生出独特的文化和记忆，使得现存的古代灌溉工程在这一独特的文化滋养下世代相传、经久不衰。每一处灌溉工程遗产都是人与自然和谐相处和可持续发展活生生的实证。

中国5000年的农耕文明史中，因水资源禀赋和自然环境差异而建造出类型丰富、数量众多的灌溉工程。留存下来的古代灌溉工程得以延续至今，往往缘于这一灌溉工程在规划、选址、选型、建设和管理上的可持续性，随着科技和社会的发展，其功能和效益仍在扩展中。如安徽寿县的芍陂，是我国历史最悠久的大型陂塘蓄水灌溉工程，它始建于战国时期最强盛的楚国，历经2600多年后，至今仍灌溉着67万亩农田，并成为今天淠史杭灌区的反调节水库。再如有2270多年历史的四川都江堰，是世界上年代最久远、仍在发挥作用的无坝引水灌溉工程。留存至今的古代灌溉工程堪称人与自然和谐相处的典范，是可持续发展的活样板。

抛弃历史的前进，终究是无本之木，善于继承方能更好创新发展。在我们拥有先进科学技术的当代，从灌溉工程遗产中汲取经过历史检验的科学理念、智慧和经验，把现代科学技术与经过历史检验的思想和理念相结合，有助于更好地设计和建造人水和谐与可持续发展的灌溉工程。灌溉工程遗产也是重要的文化传承，在灌区现代化建设的过程中应该同时加强对灌溉工程遗产和灌溉文明的保护，让中华大地上美轮美奂的古代灌溉工程和丰富多彩的灌溉文化依然充满生命力，让历史文化在流水潺潺的水渠、在生机勃勃的田野得到永恒延续发展，为我国灌溉文化的生命传承和建设现代化生态灌区注入不竭的动力。

中国水利水电科学研究院原总工程师
2011—2014年国际灌溉排水委员会第22届主席

2023年8月于北京玉渊潭

姜席堰

# 序言

水利是农业的命脉，是国民经济的基础，是改善民生的支撑。几千年来，勤劳、勇敢、智慧的中国人民，修建了无数大大小小的水利工程，留下了纵横南北的大运河、横亘东西的长江干堤、源远流长的圩堤堰渠、抵御潮灾的江浙海塘等众多水利瑰宝。

龙游地处钱塘江上游，因其得天独厚的水资源禀赋，造就了因水而生、因水而美、因水而兴的山水文化特质，星罗棋布着诸多宝贵的水利遗产。其中位于灵山港下游的姜席堰，始建于元至顺年间，由上堰、沙洲、下堰、汇洪冲沙闸以及渠首分水闸五大部分组成，是古代山溪性河流引水灌溉工程的典范，是中国治水史上十分罕见以河道中的沙洲为纽带、利用高超筑堰技艺组成一体沙洲堰坝特色的水利工程，是龙游姑蔑大地上流动的文化。680多年来，姜席堰一直发挥着引水、灌溉、排洪、排砂、通航等作用，至今仍滋养着龙洲、东华、詹家3个乡镇街道的21个行政村3.5万亩土地，为龙游经济社会发展、造福民生百姓提供着有力支撑。

久久为功，念念不忘，必有回响。近十年来，龙游县精准谋划、精心组织、精细实施姜席堰世界灌溉工程遗产的保护和利用工作，从立足实际讨论分析申遗的可能性，到打开视野邀请顶级水利建筑工程专家现场考察指导；从酝酿成立姜席堰申遗工作小组，到深挖史料、编报文本、修缮水利古建、开展环境整治等压茬推进；从举全县之力积极筹备初评和申报，到远赴加拿大萨斯卡通评审答辩，都做到了环环相扣、步步为营。终于在 2018 年 8 月 13 日这一天，姜席堰一鸣惊人，与四川都江堰、广西灵渠、湖北长渠一同被评为世界灌溉工程遗产。

看似寻常最奇崛，成如容易却艰辛。龙游姜席堰成为世界灌溉工程遗产，写进了浙江省和衢州市两级政府的工作报告，大大提升了龙游、衢州乃至浙江的知名度和影响力，为龙游水利文化走向世界打开了大门。姜席堰的成功“申遗”，是“求实创新、敢为人先、团结拼搏、担当有为”这一龙游精神的继承与光大，是龙游人民“塑造变革、深谋实干”的真实写照。

尤其让我高兴的是，此次姜席堰入选国家出版基金项目《世界灌溉工程遗产研究丛书·中国卷》，这又将是一个宣传、推介、营销龙游的好机会。书稿编撰者黄国平、周土香，系原县史志办主任和原县水利局总工程师，长期从事地方文化研究和水利技术工作，术业专攻、颇有见地。全书贯通古今，编排科学，内容丰富，史料翔实，既有学术视野的宽度，又有思辨爬梳的深度，更有人文传承的向度，集文化性、史料性、知识性、可读性、工具性、收藏性于一体，是一部存史资政、教化交流的可鉴资料，对水利工作者了解过去、熟悉现在、研究将来，更好地传承地方水利文化、推动水利事业更好地发展，有着积极而又现实的意义。

水是万物之母、生存之本、文明之源，中华文明因水而生，因水而兴。回望过去，龙游先贤取得了巨大的治水兴水成就，建设了姜席堰这样大规模的水利工程，留下了丰富的水利文化资源。展望未来，我们要坚决贯彻习近平总书记有关治水兴水系列重要论述精神，善于从姜席堰等传统水利文化中汲取智慧，树立尊重、保护、顺应自然的意识，保护好、传承好、利用好姜席堰等水利遗产和文化资源，持续放大治水工作成效，积极构建水生态文明大格局，努力让龙游水利文化能更响亮地走向全国、走向世界。

堰水悠悠，润泽民心；龙游“龙”游，力争上游！

中共龙游县委书记 祝建东

2023 年 3 月 18 日

# 目录

# 导　言

她，来自浙江西部金衢盆地中心的龙游县，

她，来自钱塘江上游的万年文明的发祥地，

她，四溢着新石器时期青碓遗址稻作文明丰稔的芬芳，

她，糅合着水利文化、城池文化、民族文化和方志文化等农耕文明的集大成者，

她，从流淌的历史走来，生生不息，代代相传，造福于民，历久弥新……

她，就是古老而年轻的世界灌溉工程遗产龙游姜席堰。

姜席堰，以其科学的选址、优化的布局、精巧的体系、准确的记载、规范的管理和不辍的人文精神，成就了中华大地上堰坝水利、灌溉工程文明史上又一座经典的丰碑！

龙游县历史悠久，文化璀璨。早在旧石器时期就有人在此活动生息，近年来发掘了荷花山、青碓等新石器遗址，距今已有9400年的历史，人类在此繁衍生存。春秋时期为姑蔑国所在地，公元前221年秦王政行郡县制时，以姑蔑国范围设太末县，管辖范围包括衢州市全部、金华市一部分、玉山县东部以及遂昌县等。后改龙丘县。吴越宝正六年（公元931年）改称龙游。

龙游县为浙江省金衢盆地的中心，南有仙霞岭余脉，北有千

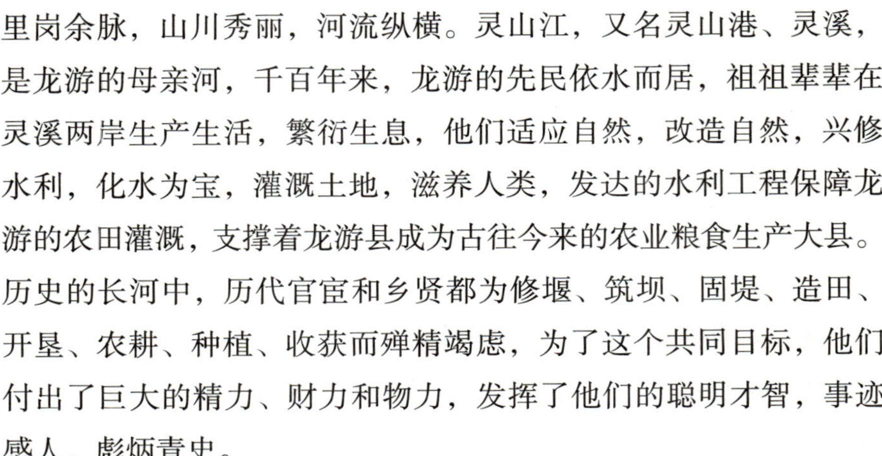

里岗余脉，山川秀丽，河流纵横。灵山江，又名灵山港、灵溪，是龙游的母亲河，千百年来，龙游的先民依水而居，祖祖辈辈在灵溪两岸生产生活，繁衍生息，他们适应自然，改造自然，兴修水利，化水为宝，灌溉土地，滋养人类，发达的水利工程保障龙游的农田灌溉，支撑着龙游县成为古往今来的农业粮食生产大县。历史的长河中，历代官宦和乡贤都为修堰、筑坝、固堤、造田、开垦、农耕、种植、收获而殚精竭虑，为了这个共同目标，他们付出了巨大的精力、财力和物力，发挥了他们的聪明才智，事迹感人，彪炳青史。

姜席堰地处钱塘江二级支流灵山港下游，浙江龙游县龙洲街道后田铺村境内。相传为纪念主持和赞助修堰的姜、席两位员外，分别把上堰称为姜堰，下堰称为席堰，故合称姜席堰。县志记载，席堰于元朝至顺年间（公元 1330—1333 年），由察儿可马任龙游达鲁花赤时主持兴建，距今已近 700 年历史。姜席堰枢纽工程由姜堰、席堰、沙洲、引水渠（古时为引水堰洞）、进水闸、冲沙闸等部分组成，渠首枢纽以河道中近 80 亩沙洲为纽带，上联姜堰，下接席堰，组成一条由西向东长约 600 米的拦水坝，这种利用河道沙洲与上下堰组成拦水坝的大胆构思以及筑堰高超工艺，在治水史上较为罕见，具有重要的水利工程研究价值。

数百年来，姜席堰下游的东、中、西三条全长约 50 千米的干支渠，灌溉寺后、詹家、龙洲街道西门及驿前等四大片畈田近 3.5 万亩，使农业获得丰收，确保了当地物阜民康。至中华人民共和国成立前夕，灌区尚存以渠水为动力修建的水碓、筒车、磨车 47 爿，加工稻谷、油料、柏籽、茶籽，发展农产品加工贸易，灌区渐渐演变成当地粮油贸易集散地、县城农商经济中心。

在维护管理姜席堰渠首及灌区渠系方面积累了丰富的经验，在兼顾灌溉、航运、城防等方面有严格的管理规章，做到了综合、高效、公平，其“官督民办”的管理机制至今仍对现代社会管理具有很高的参考和借鉴意义。

龙游县有 2000 多年的建县历史，古县城的格局较早。成于明代隆庆年的古城格局，仍然是人们的记忆。古人将姜席堰引水入城，不仅提高了县城的城防能力，完善了城防体系，更大大方便城内居民的生产、生活用水，城内纵横的水道也成为古城重要的组成部分。

为适应现代农业发展，近十年来，浙江省人民政府一方面把姜席堰灌区列为省级现代农业园区，另一方面把姜席堰列入省级重点文物保护单位，在保护的同时其利用的经济效益斐然。通过“五水共治”，沿堰渠进行植树绿化、道路硬化、村庄美化，如今灌区田成方、渠成系、路成网、树成行，利用堰水兴建休闲垂钓、游泳池等设施，灌区的好山好水好风光，成了人们休闲观光旅游的好去处，姜席堰灌区成为全国、浙江省级现代农业园区和省级县城生态循环农业改革试点。源远流长的水资源，灌溉了肥沃的农田，滋润了金灿灿的稻谷，使农业稳产丰收，渔业水美鱼跃，农民实现了温饱，社会物产丰裕，人民和谐安定，龙游从此大步迈进小康社会。

姜席堰仍为龙游县始建年代最早、规模最大、灌溉面积最大、保存最完好的古代水利工程，至今仍发挥巨大的灌溉作用，具有极高的世界灌溉工程遗产保护价值。

# 第一章　江南古县龙游

龙游县位于浙江省钱塘江上游的衢江流域，地处金衢盆地中部，介于北纬 28° 44′ ~ 29° 17′ 、东经 119° 02′ ~ 119° 20′ 之间。县境东西宽 29.37 千米，南北长 61.5 千米，总面积 1143 平方千米。

龙游历史悠久，春秋时期“姑蔑”古国建都于此。秦王政 26 年（公元前 221 年）置太末县，唐贞观八年（公元 634 年）改名龙丘，五代吴越宝正六年（公元 931 年）改称龙游，至今已有 2243 年的建县历史，是浙江省历史上最早建县之一。

龙游是国家级生态示范区，境内山脉、丘陵、平原、河流兼具，自然资源与人文景观融为一体，自成特色。境内荷花山新石器时代遗址发现人类走出洞穴后最早的地面构筑物，荷花山、青碓新石器时代遗址发现迄今最早的稻作遗存。龙游素有“儒风甲于一郡”之誉。龙游商帮为明清时期全国十大商帮之一，亦是唯一以县域命名的商帮，有“遍地龙游”之美称。龙游石窟是全国重点文物保护单位，龙游民居苑是全国两处古民居异地集中保护地之一，有浙西大竹海、六春湖、石佛三门源、饭甑山火山颈等诸多风景名胜。规划面积 3.5 平方千米、总投资 80 亿元的红木小镇入选浙江省级优秀小镇、十大示范小镇，成功创建国家 AAAA 级旅游景区。

县境内以衢江为干流，从西往东横贯中部，流长 28 千米。汇入衢江的一级支流有7条，其中以灵山江水资源最为丰富。世界灌溉遗产工程姜席堰，即位于灵山江下游山区与平原交界地带的龙游县龙洲街道后田铺村。

## 第一节　自然环境

龙游县境内地势南高、北稍高、中低，呈马鞍形。北部有千里岗余脉，最高峰马槽山，海拔940.1米。南部有仙霞岭余脉，西南最高峰有茅山坑，海拔1442米，桃源尖，海拔1438.9米；东南最高峰有大石门，海拔1140米，严家山，海拔1111.3米。以中部衢江河谷平原为中心，又称金衢盆地，以其为界，南北高山均向河谷平原延伸，南部依次为中山、平原带，北部依次为高丘、缓坡岗地。县土地的构成，大致是六山、三田、半分水，半分道路和村庄。

属亚热带季风气候区气候。温暖湿润，春寒多雨、夏热湿闷、秋旱高温、冬枯少雪，一年内上半年梅雨季节，极易发生洪涝灾害；下半年降水量少，天气晴热，蒸发量大，易发生干旱。由于自然地理条件的差异，南部山区、河谷平原地带及低丘地区、北部丘陵地区，年降水量差异大，因此，常发生区域性的水旱灾情。北部少雨，旱灾频率高，中部水旱相间，南部多雨，易发山洪。

### 一、地形地貌

#### （一）地质

地质构造较复杂。龙游县中南部仙霞岭山脉余脉与金衢盆地交接处灵山江段，被两支山脉相夹，形成峡谷。其东南部山脉以

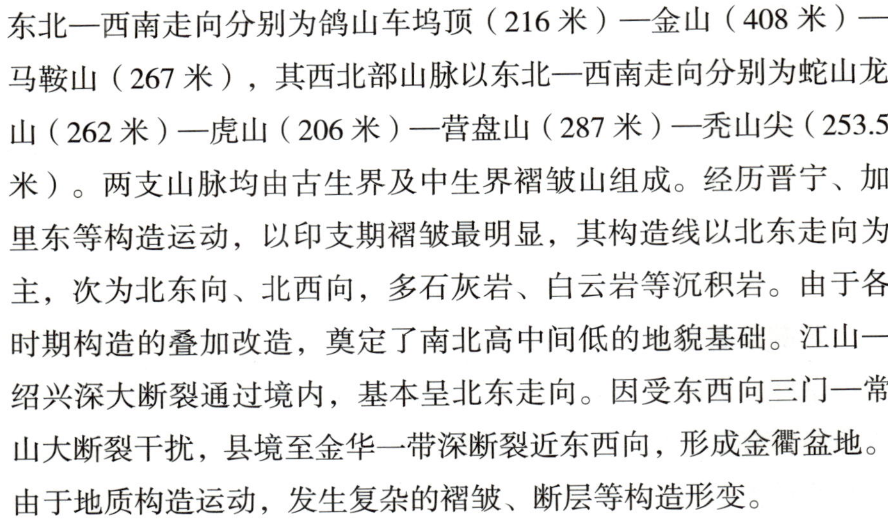

东北—西南走向分别为鸽山车坞顶（216 米）—金山（408 米）—马鞍山（267 米），其西北部山脉以东北—西南走向分别为蛇山龙山（262 米）—虎山（206 米）—营盘山（287 米）—秃山尖（253.5 米）。两支山脉均由古生界及中生界褶皱山组成。经历晋宁、加里东等构造运动，以印支期褶皱最明显，其构造线以北东走向为主，次为北东向、北西向，多石灰岩、白云岩等沉积岩。由于各时期构造的叠加改造，奠定了南北高中间低的地貌基础。江山—绍兴深大断裂通过境内，基本呈北东走向。因受东西向三门—常山大断裂干扰，县境至金华一带深断裂近东西向，形成金衢盆地。由于地质构造运动，发生复杂的褶皱、断层等构造形变。

褶皱，集中分布在县境西北部。龙门桥向斜，轴向东北，长 20 千米，两翼由古生界组成，南翼在杜山坞一带，受强烈挤压倒转。里叶背斜，位于龙门桥向斜南，轴向北东，长约 15 千米，由古生界组成；张象山向斜，位于龙门桥向斜北，轴向北东，长 35 千米，由中生界组成。

断裂，北部大路口—梅岭冲断裂，位于龙门桥向斜西北翼，自衢江区大路口入境，经石佛乡至梅岭入建德，北东走向，长 24 千米；杜山坞冲断裂，位于龙门桥向斜北西翼，北东走向，长 11 千米；泽随—诸葛断裂，控制金衢盆地北缘，北东走向，长 55 千米。南部庙下冲断裂，自遂昌湖山经庙下、溪口，北东走向，长 50 千米。

盆地，县境内的盆地即金衢盆地的西南部分，为省内最大的中生代陆相盆地，形成于晚燕时期。其西起自衢县航埠—江山四都，东至龙游凌角张—溪东，呈北东东向展布，再向东即兰溪界地。边缘受断裂控制，基底为前震旦系—上古生界，盖层为白垩系河湖相沉积岩及火山岩。

### （二）地形结构

自县境中部向南北两侧推移，地貌依次呈河谷平原、缓坡岗地、低丘、高丘、低山、中山。根据地形、土壤、开发方向等差异，大体分平原、丘陵、山地 3 种类型，平原占全县总面积的 20.9%，丘陵占 51.9%，山地占 27.1%。

1. 平原

境内海拔 100 米（黄河高程。下同）以下、坡度 3 度的堆积地貌、侵蚀堆积地貌，大部分为河谷平原、低丘平畈，呈珠串式分布在衢江及其支流两岸，面积 238.1 平方千米，占全县总面积的 20.9%。其中面积较大的平整耕地，人们称之为“畈”。衢江两岸面积较大的畈有寺后畈、西门畈、詹家畈、七都畈、湖镇畈、希唐畈、灵山畈、兰塘畈。由于河谷平原地面起伏较大，有坡度小于 6 度的、6 度至 15 度的、15 度至 25 度的、大于 25 度的。河谷平原的微地貌特征符合一般规律，近河处为河漫滩，宽度从数米到数千米不等。衢江下游段的张家埠洲、鼎新洲等，河岸处有高起的自然堤，堤的组成物质一般为粗沙、砂砾，易被洪水冲毁。平原渐离河岸，高度则逐渐变低，组成物质也逐渐变细，由细沙、粉沙或黏土组成，是河谷平原的主体部分。平原靠近岗地，多半有蛇形条带状洼地，是古河道遗迹。县境内的衢江两岸属衢江平原以及芝溪平原、社阳港平原，狭长而面积较小的有灵山江平原、塔石溪平原等。低丘平畈呈狭窄带状，面积较小，衢江一级支流芝溪、灵山江沿岸均有分布，走向大多与丘陵脉络并行，与狭长平原相连接。平原系耕地集中分布区，粮、棉、油、桑、畜主产地。

2. 丘陵

分缓坡岗地、低丘和高丘 3 种。面积共 591.3 平方千米，占全

县总面积的 51.9%。缓坡岗地一般相对高差 10 米至 50 米，坡度 5 度至 10 度，面积 283.69 平方千米，占全县总面积的 24.9%，分布在河谷盆地内侧，衢江两岸向外展开 20 千米。衢江支流两侧，受盆地南、北溪流侵蚀，切割强烈，形成向河谷平原倾斜的长形缓坡岗状地貌，基岩为红砂岩、紫砂岩。低丘海拔在 250 米以下，相对高度 50 米至 100 米，坡度 15 度至 25 度，地形状似馒头，波状起伏，脉络不清，无明显山脊。主要分布在盆地边缘，面积 133.3 平方千米，占全县总面积的 11.7%，由古地貌面经河流切割和地体抬升逐步形成。高丘海拔 250 米至 500 米，相对高度大于 100 米，坡度 15 度至 25 度以上，顶脊呈大幅度的波状，丘顶较缓，面积 174.31 平方千米，占全县总面积的 15.3%。处于低丘向低山过渡地带，地貌类型具有明显的过渡性，水土流失严重，有的甚至基岩开始出露。丘陵耕地面积较大，粮、油、茶、桑、渔、畜、林皆有，荒地资源较丰富。

3. 山地

面积 308.75 平方千米，占全县总面积的 27.1%。其中海拔 500 米至 1000 米，相对高度大于 100 米，坡度大于 25 度的为低山，面积 241.53 平方千米，占全县总面积的 21.2%。海拔 1000 米以上，相对高度大于 500 米，坡度大于 25 度的为中山，面积 67.22 平方千米，占全县总面积的 5.9%，分布在盆地外侧西北边缘和东南边缘。山地有茶、果、竹、杉等林木按一定高度范围分布。

**（三）土壤结构**

龙游境内岩性复杂，地貌类型多种，开发历史悠久，形成土壤类型多样。土壤总面积 1474123 亩（1 亩等于 0.067 公顷），分红壤类、黄壤类、岩性土、潮土、水稻土等 5 土类，又细分 12 亚类，43 土属，106 土种。红壤土类，面积 796402 亩，占总土壤面积的 54.03%。是境内主要土种，特性是酸、粘、疲、色红，典型红壤表土；黄壤土类，面积 123845 亩，占 8.4%。特性是有机质层厚，土层较深，有机质含量 5% 左右，最高 30.5%。阳离子代换量较高，盐基不饱和，氮素含量高，速效磷钾含量中等，宜发展用材林、毛竹林、药材等；岩性土类，面积 85442 亩，占 5.8%。岩性土大部分呈石灰性反应，磷、钾、钙含量较高，宜发展果木、桑园等。光照灌溉条件好，土壤以沙壤为主，适宜水稻、蔬菜、瓜果生长；潮土类，面积 38986 亩，植被大体分亚热带针叶林、落叶常绿混交林，人工植被有杉木、马尾松、毛竹及经济林柑橘、茶叶。石灰岩山地有杂竹、南酸枣及榆、苦栎、云实等。土层较深厚，气候、土壤、植被等垂直差异明显，在一定高度范围内，茶、果、竹、杉等均有分布；水稻土类，为县境内最重要的耕作土壤，面积 429439 亩，占 29.13%。绝大部分是自然土壤经人工种植水稻发育而成，境内的山地、丘陵平原都有，尤以河谷平原、丘间垄畈占的比例更大。

**（四）植被**

以人工植被为主，自然植被尤其是原始植被不多，仅存残次林。除开发耕地农业植被外，主要表现为森林植被。属中亚热带东部常绿阔叶林亚带。因南北光照条件不同，北部分浙皖山丘青冈栎、苦槠植被区，南部分浙闽山丘甜槠、木荷植被区。类型大体分亚热带针叶林、常绿阔叶林、落叶常绿混交林、针阔叶混交林、竹林、常绿阔叶灌丛林草灌丛、草甸、亚热带经济林等 9 种。依地势垂直分布明显。海拔 700 米以下主要有木荷、青冈栎、苦槠、栲树、乌冈栎、拟赤杨、南酸枣、枫香、杜英、白玉兰、野含笑等，人工植被有杉木、马尾松、毛竹以及油茶油桐、乌柏、茶叶、桑树、

柑橘、杨梅等。海拔 700 米以上分布黄山松、甜槠、浙江红花油茶。海拔 1000 米以上分布有黄山松、锥栗、檫树、短柄枹、尾叶冬等。石灰岩山地有柏木、南酸枣及榆、苦栎、化香、云实、南天竹等。

**（五）山脉**

沿金衢盆地南北两缘分布，成为县境的界山。北部属千里岗山脉余脉，由古生界及中生界褶皱山组成；南部属仙霞岭山脉余脉，由断裂构造控制断块山组成，以火山岩为主。县南最高山峰茅山坑海拔 1442 米（黄海高程，下同）。县北最高山峰马槽山海拔 940.1 米。

1. 仙霞岭山脉

分布县境南部、西南部及东南部，自县西南与衢江区、遂昌县交界处入境，成桃源尖山结。由此分二支：一支北东走向，沿衢江区与龙游县边界延伸，山势较高，自县境最高点茅山坑向北，依次有黄婆衣、麻洋岭、绿葱湖、老虎山、盘冲头、石角、东东尖、坞岩尖、树坞顶、将军帽诸峰，构成与衢江区的界山；复自坞岩尖分出一支，北东走向，有小溪表、天上洋、晓溪山、牛头石岗诸峰，成步坑源与晓溪水分水岭。另一支从桃源尖沿龙游县、遂昌县边界延伸，北东走向，有石角头、大加脑、羊头、金鸡石、大坪岗诸峰，跨过灵山江有老虎岩、猪凹岭、金竹坞、乌泥湾诸峰，构成与遂昌县的界山；复由大加脑分出一支，北北东走向，沿庙下溪东岸延伸，有湖口、杨树山、长生岭、曾家坞、大衣坞、长田丘、天福山、西山顶诸峰，成庙下溪与三元岭水分水岭；大坪岗分出一支，北北东走向，有上山子、猴子铺、茂山诸峰，成三元岭水与大界源水分水岭；乌泥湾向北分出一支，沿龙游县至金华市婺城区边界延伸，有黄岗坛、寮山尖、五龙山诸峰，构成与金华市婺城区的界山。仙霞岭余脉在境内牛角湾成一山结，分出二支。一支呈东偏北走向，有蒲阳山、大虹顶、三爪坞、水底坞、白洋山、白云山、铜钵山、楼坞尖、螺蛳线诸峰，成山南潼溪与山北罗家溪、社阳港分水岭；白云山向北分出一支，有大山表、仰天湾、红南基、圣堂山、资福山诸峰，为罗家溪主流与支流马府源分水岭；铜钵山向北分出一支，有白岩山、白鸽山、前山岗、大湾尖、好坑坞尖、船湾尖诸峰，为罗家溪与社阳港分水岭；楼坞尖向北分出一支，有老鼠坞、金坞尖、大列唐、横坞尖、老鹰岩、铁索尖诸峰，为后渠源水与大公溪分水岭。牛角湾山结另一支自牛角湾向东南行，有梓山、严家山、老虎岩诸峰，为潼溪与梓山水、小坑水、潘兵水分水岭，其北端延伸至十都、官村、上圩头、希唐、三叠岩一带，构成金衢盆地南缘。

2. 千里岗山脉

分布于县北与建德市交界处，呈北东走向。最高峰马槽山位于县境西北角，自此沿龙游、建德边界向东北延伸，有十八湾、龙门山、乌龟岗、乌石山、白岭、天池山诸峰，形成与建德市的分水岭。此线以南山峰有梅树坞、上东山、木瓜棚、黄梅尖、饭甑山、石口门、蝴蝶形、大湾等，多流纹岩及凝灰岩。再南从石佛至后徐至龙门桥至志棠一线，有杜山、官山（旧称鹳山）、大山等峰，北东走向，多石灰岩、白云岩等沉积岩。

**（六）河流**

龙游县境内河流属钱塘江水系。衢江为主要干流，自西而东横贯县境中部。境内流长 28 千米。南北各有一级支流 4 条，呈树枝状分布，见图 1–1。

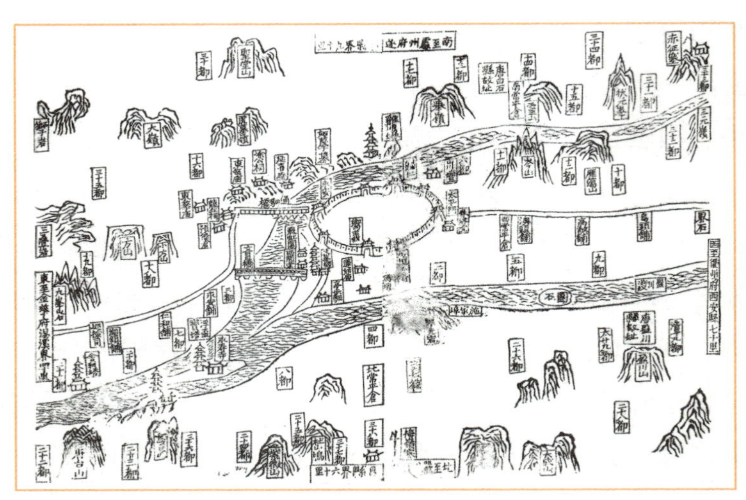

**图 1–1　龙游县水系分布图**（县史志研究室供图）

1. 衢江

旧称瀔水，也有写成縠水、穀水的，为钱塘江上游主流之一。据《钱塘江志》记载：衢江源出安徽省休宁县青芝埭尖北坡，源头海拔 810 米。汇流后称龙田溪，自东南流入浙江省开化县境内称齐溪、马金溪等，在常山县境内汇入池淮诸溪后称常山港。到常山县城附近后循东西方向下泄，右汇龙绕、南门，左汇虹桥、芳村诸溪，至衢县西南郊双港口，右汇江山港后称衢江。自衢江沿东北方向下泄，接纳了众多支流，为羽状水系，其中较大的有右岸的乌溪江、灵山江，左岸的铜山源、塔石溪，至兰溪市南郊的马公滩，右纳金华江后称兰江。干流总长 257.9 千米，集雨面积 11477.2 平方千米。衢江自衢州市衢江区盈川潭流入龙游县境内，高程为 43 米，至湖镇邵家出境，高程 32 米，落差 11 米，平均坡降 0.39‰。境内主流长 28 千米，流域面积 1053.84 平方千米。沿江乡镇有小南海、詹家、龙洲街道、东华街道、模环乡、湖镇镇等。衢江河道横向为宽浅表状 U 形断面，主河道最宽 400 米，最窄 350

米。常水位时最大水深点约 3 米至 4 米，最小水深点约 2 米至 1 米。年平均径流量每秒 340 立方米，年平均入境水量 116.8 亿立方米，出境水量 124.3 亿立方米，见表 1–1。

表 1–1　　衢江及其主要支流特性表

| 河流名称 | | 河流发源地 | 河源入口地点 | 河源出口地点 | 境内主流长（千米） | 境内流域面积（平方千米） | 黄海高程 | | 落差（米） | 比降% |
|---|---|---|---|---|---|---|---|---|---|---|
| | | | | | | | 河源（米） | 河口（米） | | |
| 衢江 | | 皖南休宁县白际岭南板仓青芝棣尖 | 老鹰嘴盈川潭 | 湖镇邵家 | 28.00 | 1053.84 | 43 | 32 | 11 | 0.39 |
| 支流 | 灵山江 | 遂昌县高坪乡和尚岭 | 马戍口 | 驿前 | 55.95 | 333.99 | 175 | 38 | 137 | 2.45 |
| 支流 | 芝溪 | 衢县尚伦岗 | 十都 | 施家埠 | 15.75 | 93.38 | 65 | 45 | 20 | 1.27 |
| 支流 | 罗家溪 | 铜钵山 | 岭根 | 下叶 | 29.3 | 120.93 | 285 | 32 | 253 | 8.63 |
| 支流 | 社阳港 | 东长坪北麓 | 东长坪 | 河村 | 31.95 | 108.69 | 450 | 34 | 416 | 13 |
| 支流 | 塔石溪 | 东源白佛岩，西源梅树坞 | 大力山 | 后周笋墩山下 | 29.2 | 220.28 | 180 | 38 | 142 | 4.9 |
| 支流 | 模环溪 | 建德宙坞坪 | 塔下叶 | 凤基坤 | 25.8 | 97.12 | 102 | 35 | 67 | 2.6 |
| 支流 | 士元溪 | 上下朱 | 上下朱 | 社屋墩 | 11.5 | 41.04 | 70 | 32.5 | 37.5 | 3.26 |

2. 灵山江

又名灵山港，旧名薄里溪、泊鲤溪、灵溪、灵源等，为境内衢江第一大支流，发源于遂昌县高坪乡和尚岭（在桃源尖南），

海拔 1222 米。灵山江从龙游县沐尘畲族乡马戍口村入境，自马戍口纳潘兵水（檀溪），北流至坑口，又纳北山桥水（大界坑），再至渡头纳小坑水，转向东北，流至坑头纳梓山水，又折西流纳三元岭水（梧村、同康水）、社里水。至沐尘折向北流，至大虹桥纳潼溪水（大街溪），至溪口纳庙下溪水，至小虹桥纳枫林水，至江潭纳晓溪水、大垄水，至灵山纳外高山水，至塔下折向西北纳大安源水，至花坟前纳北山水，至步坑口纳步坑源水，至石塆纳道士源水、考坑水。自此折向北流，至渡贤头纳老鹰岩水。又折向西北流至旗山脚下，纳黄冠源水，经官潭折东偏北流，至官村纳寺坞水。出官村后，折向北流，进入寺后大畈，过寺后至白畈，纳大垄水。最后经县城南门、西门，至县城驿前、湖底叶两村间汇入衢江。全流域面积 726.9 平方千米，主流总长 90.6 千米。龙游境内流域面积 334 平方千米，流长 55.95 千米。入境处马戍口高程 175 米，汇入衢江处驿前高程 38 米，落差 137 米，坡降 2.45‰。在县境内流经区域有沐尘、溪口、东华、龙洲等乡镇（街道），见图 1-2。灵山江流域水资源丰富，据步坑口水文站资料统计，境内多年平均降雨量 1730.4 毫米，多年平均径流深 1037.3 毫米，径流量 20.8 立方米 / 秒，年来水总量 6.12 亿立方米。灵山江系典型的山溪性源流，河流在峻岭峡谷中蜿蜒曲折，坡降大，流速快，遇到暴雨，水势更猛，破坏性很大。溪口镇以下的河道，迂回弯曲不定，造成许多积滩，出现不少“S”形弯道。根据流态，可划成四段：自马戍口至溪口镇为上游段。长 17.75 千米，河道比降 3‰。此段属高山峡谷流，河床狭窄、河岸坚固、稳定、流速大，直泻而下。溪口镇至步坑口为中上游段。长 9.2 千米，坡降 3.04‰。此段属山区坦谷流。河水流经溪口、灵山、寺下三畈。两岸多数以田塝为

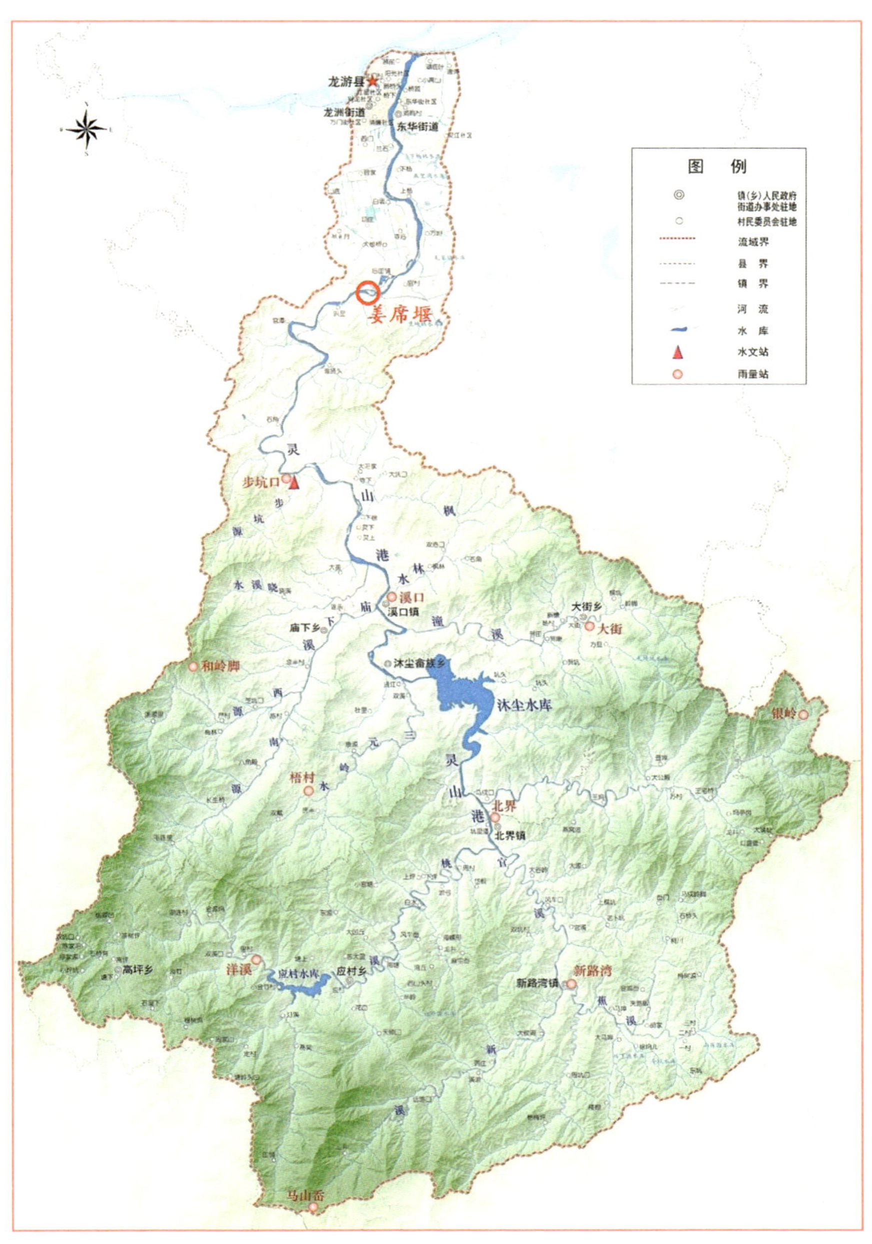


图 1-2 灵山江水系分布图（灵山江古图）（县史志研究室供图）

堤，护岸能力薄弱，河床走向不稳定，其中冲刷堆积成沙滩 3 处。步坑口至官潭为中游段。长 9.8 千米，坡降 2.86‰。此段属半河谷流。河宽在 80 ~ 110 米之间，水流较缓，河床基本稳定。官潭至城区为下游段。长 19.2 千米，坡降 1.5‰。此段河流由官潭地段的半河谷流，逐渐进入寺后平原大畈的平川流。两岸地势较低，堤防单薄且不规则，河道平缓宽窄不匀，加之堰坝多，河床淤塞严重，沙滩多处涌现，有的滩上长成树木，成了阻水之林。上游河面最宽处 120 米，下游最窄处仅 80 米，水流受阻，河槽多次改变，两岸农田时有损害，见表 1–2。

表 1–2　　灵山江支流特性表

| 支流名称 | 河流发源地 | 河源入口地点 | 河源出口地点 | 境内主流长（千米） | 境内流域面积（平方千米） | 黄海高程 | | 落差（米） | 比降（‰） |
|---|---|---|---|---|---|---|---|---|---|
| | | | | | | 河源（米） | 河口（米） | | |
| 潘滨水 | 遂昌县银岭 | 潘滨 | 马戌口 | 5.20 | 9.49 | 230 | 175 | 55 | 10.58 |
| 三元岭水 | 金龙戴 | 金龙戴 | 大车 | 11.75 | 30.48 | 470 | 135 | 335 | 28.50 |
| 庙下溪 | 毛连里 | 毛连里 | 溪口 | 13.60 | 71.45 | 420 | 118 | 302 | 22.20 |
| 潼溪 | 麻坪岭 | 岭脚 | 大虹桥 | 12.75 | 47.63 | 270 | 120 | 150 | 11.80 |
| 枫林水 | 大源山 | 双港口 | 小虹桥 | 8.25 | 23.88 | 147 | 114 | 33 | 4.00 |
| 晓溪 | 观音尖山脚 | 金村 | 桥头 | 6.90 | 15.67 | 192 | 108 | 84 | 12.20 |

3. 芝溪

源出衢江区全旺镇尚伦岗，自詹家镇十都村入龙游境，至龙洲街道施家埠汇入衢江，入境口高程 65 米，河口高程 45 米，落差 20 米，坡降 1.27‰。境内流长 15.75 千米，流域面积 93.38 平方千米，流经詹家镇、龙洲街道。入县境后北流，经胡家、芝溪、夏金至孙家纳尖竹桥水。折东流，经黄家至李家纳黄塘溪水。再流经后游至詹家，纳张严水、九里桥水，经水亭圩至施家埠汇入衢江。

4. 罗家溪

旧名马府源。源出铜钵山，河源大街乡岭根村高程 285 米，河口湖镇镇下叶村高程 32 米，落差 253 米，坡降 8.6‰。主流长 29.3 千米，流域面积 120.93 平方千米，流经罗家乡、溪口镇、东华街道、湖镇镇。自岭根北流，经陆村入红塘坑水库，经茇塘金、桃源、荷村、罗家至大乘坞纳马府水。北流至席家，于鹁鸪头纳冷水。经上圩头、岩头，至狮子山纳甘溪水。经墩头、西陈至新屋纳凤溪水。经方家至寺底袁纳横路祝水，经马报桥、上昌至七都西南，折向东流。经下潘至下叶与社阳港水合流，流至河村注入衢江旧支流，再流经湖镇白革湖至叶家汇入衢江。

5. 社阳港

旧名竺溪水，又名长枝源。发源于龙游县与金华市婺城区、遂昌县交界处的社阳乡境内东长坪北麓，至湖镇镇河村注入衢江旧支流，河源东长坪高程 450 米，河口河村高程 34 米，落差 416 米，平均坡降 13‰。主流长 31.95 千米，流域面积 108.69 平方千米，流经社阳乡、湖镇镇。源流经县内源头村、婺城区上阳村，又至社阳乡沙畈村南入境。北流经金钩至大公，纳塘泗水，经茶园至双溪口纳后渠水，再折西北流至桃园纳银坑水，至金鸡洞纳毛家坞水。至社阳，南纳好坑坞水，东纳园油坑水入社阳水库。出水库后经希唐、溪底杜、竺溪桥至湖镇镇下叶村，与罗家溪合流，再至河村注入衢江旧支流，再经湖镇至邵家汇入衢江。

**（七）水文**

灵山江流域水资源丰富，多年平均降雨量为 1730.4 毫米，多

年平均径流深为1037.3毫米，径流量为20.8立方米/秒，年来水总量为6.12亿立方米。灵山江为典型的山溪性河流，具坡降大、流速快、破坏力大、易旱易涝的特点。支流上集雨面积在5平方千米以上的一级支流17条，又有主要分支流，各分支流大多还有小支流，河流总长402.1千米。支流河床比降大，水位易涨易落，枯洪变化悬殊。常年平均径流量为10.78亿立方米，丰水年可达13.4亿立方米。

## 二、气候

### （一）气候特征

属中亚热带季风气候区，四季分明，气候温和，雨量充沛，光照充足。年平均气温17.3℃，年平均降水量1761.9毫米，受海拔高度、地形、坡向、植物等影响，气温会略微偏低。年总辐射量$4.503 \times 10^9$焦耳每平方米。夏季主要受海洋暖湿空气影响，冬季以来自西北大陆的干冷气流为主，四季分明，回暖早，冬夏长，春秋短，夏季有台风影响。最冷月（1月）平均5.2℃，最热月（7月）平均29.2℃，极端最高气温41.4℃（2003年7月31日），极端最低气温零下11.4℃（1977年1月6日），无霜期261.5天。多年平均降雨量1618.6毫米（龙游雨量站1951年至2008年实测），最多为2451.5毫米（2002年），最少为1053.9毫米（1979年）。一年内3—6月降水量最为集中，平均雨量合计856.2毫米，占全年的53%，易发生洪灾；7—9月降水量为350至500毫米，占全年的24%，天气晴热，蒸发量大，易发生干旱。由于地形的差异，河谷平原地带及低丘地区，年降水量在1600毫米左右；而南部山区则达1700毫米以上；北部丘陵地区只有1500毫米左右，因此常发生区域性的水旱灾情。北部少雨，旱灾频率高，中部水旱相间，南部多雨，易发山洪。

### （二）气候要素

当年冬季（2019 年 12 月至 2020 年 2 月）平均气温 9.1℃，较常年偏高 2.5℃；总降水量 367.3 毫米，较常年异常偏多 43.7%，其中 1 月总降水量创历史同期第二多；总日照时数 288.6 小时，较常年偏少 11.1%；0℃以下低温日数 9 天，较常年偏少 12.3 天；出现阶段性连阴雨天气。春季（3—5 月）平均气温 18.2℃，较常年偏高 1.5℃；总降水量 610.1 毫米，较常年偏多 4.8%；总日照 400.8 小时，较常年偏多 5.5%。夏季（6—8 月）平均气温 28.6℃，较常年偏高 1.1℃；总降水量 720.2 毫米，较常年偏多 33.6%；高温（最高气温≥ 35℃）日数 45 天，较常年偏多 13.4 天；受梅雨带影响，梅雨期全县出现 8 轮强降水天气过程，其中 6 月 29 日 20 时—30 日 20 时全县平均雨量 119.8 毫米，城区雨量 142.7 毫米；7 月 2—4 日全县普降暴雨，个别乡镇大暴雨。秋季（9—11 月）平均气温 19.1℃，较常年偏高 0.3℃；总降水量 271.2 毫米，较常年偏多 7.5%；总日照时数 349.7 小时，较常年偏少 24.5%。

气温：平均温度 18.7℃，比常年偏高 1.3℃，位列建站第 2 高；日极端最高气温 38.8℃，出现在 8 月 24 日；日极端最低气温 -5.4℃，出现在 12 月 31 日；全年共出现 48 天高温（最高气温≥ 35℃）天气，较常年（34.7 天）偏多 13.3 天，其中 38.0℃以上的高温日数 5 天。

降水：总降水量为 1916.0 毫米，比常年偏多近两成；雨日 166 天，与常年同期持平；最大日降水量 142.7 毫米，出现在 6 月 30 日；5 月 29 日入梅，7 月 18 日出梅，入梅早、出梅迟，出现典型的梅雨天气，梅期长达 50 天，梅雨期全县出现 8 轮强降水天气

过程，强降水过程集中、降水强度强。

日照：全年总日照时数为1442.4小时，比常年偏少333.8小时。终霜日2月19日，初霜日12月14日，无霜期198天。

**（三）灾害性天气**

阴雨寡照：2020年1月出现3次连阴雨过程（1月9—12日、15—19日和22—27日），对油菜生长和大棚作物草莓等有一定影响。降水偏多导致油菜、大田蔬菜等露天作物易受渍害影响；3月上旬出现连续阴雨天气，对茶叶生长速度、品质及采摘均有影响；9月中下旬出现连阴雨天气和秋季低温冷害，连阴雨影响单季稻收割，导致水稻发芽，农民受损，秋季低温冷害影响连作晚稻抽穗扬花；11月20—29日多阴雨天气，全县出现将近10天的连阴雨天气，气温明显下降，降水量较常年偏多近八成，雨日将近常年的3倍，日照时数较常年偏少九成多，导致连作晚稻收割进度缓慢、柑橘不能正常采摘、大棚内作物缺光少日照。

暴雨：2020年共出现日降水50毫米以上的暴雨天气4天，分别为5月30日78.5毫米、6月3日68.9毫米、6月30日142.7毫米、8月28日58.6毫米。

高温：2020年35.0℃以上的高温日数为48天，其中38.0℃以上的高温日5天，极端最高气温38.8℃；自7月18日出梅后，以晴热高温天气为主，多午后雷阵雨，高温时段主要出现在7月中下旬至8月。

寒潮：2月17—18日受寒潮影响，早生茶叶“乌牛早”受到一定影响，部分茶树叶受冻；3月27日受寒潮影响，出现中到大雨，局部暴雨，气温明显下降，26—28日平均气温过程降温幅度14℃—15℃，28—29日早晨最低气温4℃。

强对流：3 月 22 日早晨受强对流云团影响，出现阵雨或雷雨天气，并伴有强雷电、6 至 8 级雷雨大风，出现短时强降水等强对流天气；25—26 日受强暖区控制，白天最高气温升至 29℃，26 日下午到夜里，出现大范围阵雨或雷雨天气，并伴有强雷电、6 至 8 级雷雨大风和短时强降水等强天气；4 月 20—21 日受高空槽和低涡东移影响，普降大雨，箬塘村出现暴雨，大部分地区出现 5 至 7 级阵风，27 日受对流云团影响，县中北部地区出现 5 至 7 级阵风；5 月 15 日下午受强对流云团东移影响，转雷阵雨天气，马府墩村出现暴雨 55.0 毫米，4 个站点出现 8 级大风，分别为半爿月村 19.2 米 / 秒、马府墩村 18.1 米 / 秒、社阳乡 17.6 米 / 秒、客路村 17.2 米 / 秒。7 月 26 日夜里、28 日傍晚出现强雷电、局地 6 级以上大风、短时强降水等强对流天气。

## 三、环境

包括城市环境空气质量状况、水环境质量状况和城市环境噪声三部分。2020 年环境空气 $PM_{2.5}$ 浓度均值 30 微克 / 米 $^3$，首次达到国家环境空气质量二级标准，优良率 98.0%；空气环境质量综合指数明显改善，比上年下降 13.74%，空气质量优良天数 351 天。水环境质量总体稳定，衢江出境水水质和国控地表水断面达标率 100%，均达到Ⅱ类水标准；集中式饮用水源地达标率为 100%；乡镇交接断面水质优秀率达 100%，各断面水质均符合水功能区要求。交通、区域环境噪声均达到国家标准范围。

### （一）环境质量指标

空气。全县二氧化硫浓度日均值浓度范围为 0.003 ~ 0.021 毫克 / 立方米，年平均值为 0.007 毫克 / 米 $^3$，低于国家二级标准。全

县二氧化氮浓度日均值浓度范围为 0.002 ~ 0.073 毫克 / 米 $^3$，年平均值为 0.027 毫克 / 米 $^3$，低于国家二级标准。PM10 浓度日均值浓度范围为 0.006 ~ 0.148 毫克 / 米 $^3$，年均值为 0.046 毫克 / 米 $^3$，低于国家二级标准，未出现日均值超标。$PM_{2.5}$ 浓度日均值浓度范围为 0.002 ~ 0.093 毫克 / 米 $^3$，年均值为 0.030 毫克 / 米 $^3$，高于国家二级标准，浓度日均值超标率为 1.6%。臭氧浓度日均值浓度范围为 0.019 ~ 0.166 毫克 / 米 $^3$，浓度日均值超标率为 0.3%。

酸雨。2020 年，全县降水 pH 年均值为 5.94，电导率年均值为 19.3 微西 / 厘米，酸雨率为 10%。

江河水。2020 年，全县江河地表水环境质量总体水平基本稳定，衢江、灵山江水环境功能区水质达标率达到 100%，出境水水质达标率 100%，各断面水质均符合水功能区要求。

饮用水源。2020 年，洪畈水库饮用水水源地水质达到Ⅱ类水标准，水质达标率 100%。

交通噪声。2020 年，全县主要的 10 条城市交通干线上共设 33 个监测点，监测道路总长为 13.29 千米。昼间平均车流量为 609 辆 / 小时，城市道路路长计权等效声级均值为 65.6 分贝（A），未超过国家 70 分贝（A）的控制值。

区域噪声。2020 年，县城设置了 108 个网格点。昼间噪声Ⅰ类功能区均值为 48.1 分贝（A），Ⅱ类功能区均值为 51.2 分贝（A），Ⅲ类功能区均值为 58.8 分贝（A），城区昼间噪声平均值为 52.7 分贝（A），均未超过国家控制值。噪声源主要是生活噪声、施工噪声和交通噪声污染。

**（二）生态环境**

2001 年 12 月，龙游被列为省生态示范区建设试点县，2002

年6月衢州市被列为国家级生态示范区试点后，龙游随之升格为国家级生态示范区试点单位。编制完成《龙游县生态示范区建设规划》，经省级有关专家评审，省环保局批复，2003年4月县人大常委会审议通过实施。2004年5月，召开生态县建设动员大会，并成立生态县建设工作领导小组。年初以县环保局为主开展《龙游生态县建设规划》编制，8月初通过专家评审，8月底经县人大常委会审议通过并启动实施。12月，县委、县政府出台《龙游生态县建设若干政策意见》，建立激励机制，对推行清洁生产、通过ISO14000环境管理体系认证的企业给予财政补助，对综合利用工业废物的企业给予税费减免和补助；对绿色食品基地建设进行财政贴息，提高对获得国家、省、市绿色食品证书的奖励标准，加大对农产品标准体系和质量监督管理体系建设的财政补贴。截至2005年，全县创建省级绿色企业3家，ISO 14001认证企业4家，清洁生产审计企业5家。全县累计经有机认证产品4个，全国无公害农产品16个，省级绿色农产品14个，无公害林产品基地2333.33万平方米。实验小学被评为国家级绿色学校，实验小学、官潭福和学校、龙游中学、西门小学被评为省级绿色学校，另有市级绿色学校7所；兴龙社区、阳光社区被评为省级绿色社区，另有市级绿色社区3个；国际饭店、龙游大酒店被评为省级绿色饭店。建设项目内容为小溪滩电站、城市污水处理厂、千库保安工程、小溪滩电站移民工程、沐尘水库、千万农民饮用水工程、农村环境整治工程、下山脱贫生态小区工程、小流域治理、垃圾填埋场。坚持“生态优先”原则，兼顾林业经济效益，以竹子造林、迹地更新和国债长江中下游防护林项目为重点，大力开展绿化造林。到2020年底，出境水质稳定在Ⅱ类，三夺“大禹鼎”，兑现“一江清水出衢州”的承诺；

$PM_{2.5}$ 均值逐年下降，空气质量优良率 98%，首次达到国家二级标准。节能减排成效明显，万元 GDP 用水量、能耗分别下降 32.8% 和 14.1%，获评浙江省第二批节水型社会建设达标县。全年环境空气 $PM_{2.5}$ 浓度均值 30 微克 / 米 $^3$，首次达到国家环境空气质量二级标准，比上年下降 6 微克 / 米 $^3$；优良率 98.0%，比上年提升 10.7%，升幅排名全省第三；空气环境质量综合指数得到明显改善，比上年下降 13.74%，降幅全省排名第十。衢江出境水水质和国控地表水断面达标率 100%，均达到Ⅱ类水标准；集中式饮用水源地达标率为 100%；乡镇交接断面水质优秀率达 100%。

## 第二节　人文历史

龙游东邻金华市婺城区，南接丽水市遂昌县，西连衢州市衢江区，北交杭州市建德市，是浙江东、中部地区连接江西、安徽和福建三省的重要交通枢纽，公路、铁路、民航、水运十分便利。G60 沪昆高速公路杭金衢段、S33 龙丽温高速公路、G60N 杭新景高速公路三条高速公路在龙游交会，320 国道、315 省道、222 省道纵横交错；杭长高铁、浙赣电气化铁路、衢宁铁路过境，杭州至衢州城际高铁在建设中，境内设有龙游站、龙游南站、龙游北站；距衢州、义乌、萧山等机场均在 30 分钟至 1.5 小时交通圈内；衢江内河航道龙游港区，14 个 500 吨级泊位开港通航，通过钱塘江与大运河相通。完善的交通网络使龙游进入了“长三角经济圈”，区位优势十分明显。

## 一、建置

龙游县隶属浙江省衢州市，县人民政府驻县城太平西路。2005 年底有居民 13.7 万户 40.05 万人，县域面积 1143.5 平方千米。北距省城杭州直线距离 167 千米，西距衢州市区 30 千米。龙游历史最早的可靠记载见于《左传·哀公十三年》，记载姑蔑军队助越伐吴："六月丙子，越子伐吴，为二隧。畴无余、讴阳自南方，先及郊。吴大子友、王子地、王孙弥庸、寿于姚自泓上观之，弥庸见姑蔑之旗[①]，曰：'吾父之旗也[②]，不可以见雠而弗杀也。'大子曰：'战而不克将亡国，请待之。'弥庸不可，属徒五千，王子地助之，乙酉战，弥庸获畴无余，地获讴阳。越子至，王子地守。丙戌，复战，大败吴师，获大子友、王孙弥庸、寿于姚。"[③] 哀公十三年为公元前 482 年，至 2022 年已达 2504 年，见图 1–3。

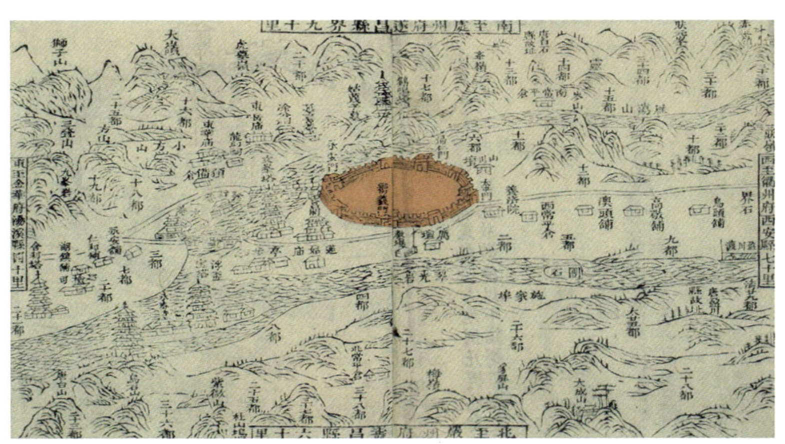

图 1–3 龙游县古城图（县史志研究室供图）

① 杜预注："姑蔑，越地，今东阳大末县"。

② 杜预注："弥庸父为越所获，故姑蔑人得其旌旗"。

③ 见清阮元校刻《十三经注疏·春秋左传正义》，中华书局 1980 年影印版 2171 页。

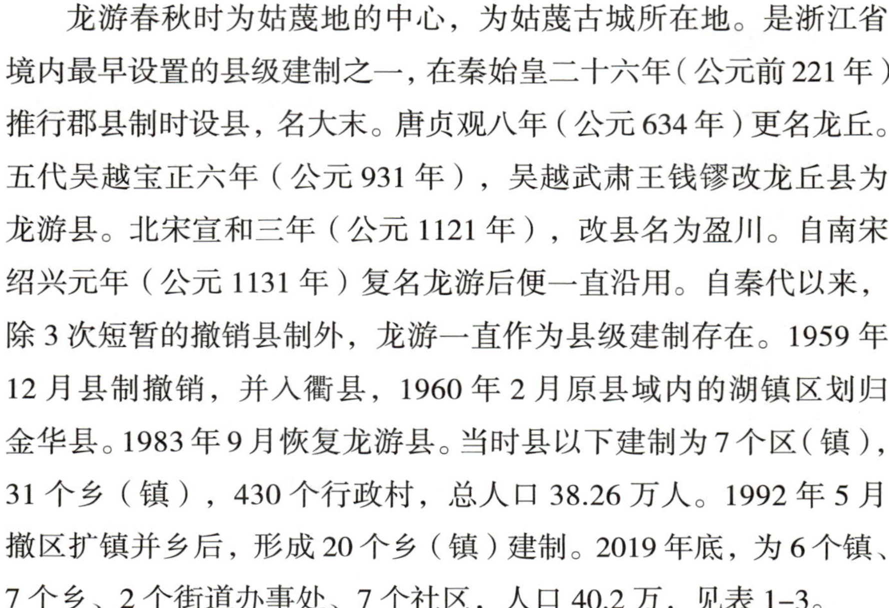

龙游春秋时为姑蔑地的中心，为姑蔑古城所在地。是浙江省境内最早设置的县级建制之一，在秦始皇二十六年（公元前221年）推行郡县制时设县，名大末。唐贞观八年（公元634年）更名龙丘。五代吴越宝正六年（公元931年），吴越武肃王钱镠改龙丘县为龙游县。北宋宣和三年（公元1121年），改县名为盈川。自南宋绍兴元年（公元1131年）复名龙游后便一直沿用。自秦代以来，除3次短暂的撤销县制外，龙游一直作为县级建制存在。1959年12月县制撤销，并入衢县，1960年2月原县域内的湖镇区划归金华县。1983年9月恢复龙游县。当时县以下建制为7个区（镇），31个乡（镇），430个行政村，总人口38.26万人。1992年5月撤区扩镇并乡后，形成20个乡（镇）建制。2019年底，为6个镇、7个乡、2个街道办事处、7个社区，人口40.2万，见表1–3。

**表1–3　　县建置沿革**

| 朝代 | 建置名称 | 隶属 | 备注 |
|---|---|---|---|
| 秦 | 大末县 | 会稽郡 | 置县时间有秦王政二十五年（公元前222年）、秦始皇二十六年（公元前221年）两说，本书采用后说 |
| 西汉 | 大末县 | 会稽郡 | 《汉书》卷二十八上《地理志》，在“会稽郡”条下26个县中有“大末” |
| 新 | 末治 | 会稽郡 | 《汉书》卷二十八上《地理志》“大末”下有夹注：“莽曰末治” |
| 东汉 | 太末县 | 会稽郡 | 《后汉书》志第二十二《郡国志》四“会稽郡”条下有“太末”县名 |
| 三国（吴） | 太末县 | 东阳郡 | 宝鼎元年（公元266年）因分会稽郡设东阳郡而改隶 |
| 晋 | 太末县 | 东阳郡 | 《晋书·地理志》有载 |
| 南朝（宋、齐、梁、陈） | 太末县 | 东阳郡 | 《宋书·州郡志》《南齐书·州郡志》等有载 |

续表

| 朝代 | 建置名称 | 隶属 | 备注 |
| --- | --- | --- | --- |
| 隋 | （吴宁县地） | 婺州 | 开皇九年（公元589年）省太末入长山，并改长山为吴宁县，置婺州 |
| | （金华县地） | 东阳郡 | 开皇十二年（公元592年）改吴宁为东阳，十八年（公元598年）又改名金华。大业初（公元605年）置东阳郡 |
| 唐 | 太末县、白石县 | 縠州 | 武德四年（公元621年）置縠州及太末、白石二县 |
| 唐 | （信安县地） | 婺州 | 武德八年（公元625年）縠州废，省太末、白石入信安县 |
| | 龙丘县 | 婺州 | 贞观八年（公元634年）析信安、金华复置县，更名龙丘 |
| | | 衢州 | 垂拱二年（公元686年）因置衢州而改隶 |
| | 龙丘县、盈川县、武安县 | 衢州 | 如意元年（公元692年）分龙丘置盈川县，证圣元年（公元695年）又析置武安县 |
| | 龙丘县 | 衢州 | 武安县于神龙元年（公元705年）省入龙丘县，盈川县于元和七年（公元812年）省入信安县 |
| 五代（吴越） | 龙游县 | 衢州 | 宝正六年（公元931年）钱镠以“丘为墓不祥”改称龙游 |
| 北宋 | 龙游县 | 衢州 | |
| | 盈川县 | 衢州 | 宣和三年（公元1121年）因有诏讳“龙”字，改名盈川 |
| 南宋 | 龙游县 | 衢州 | 绍兴初（公元1131年）复名龙游 |
| 元 | 龙游县 | 衢州路 | 元至元十三年（公元1276年）改衢州为衢州路总管府 |
| 元明之际 | 龙游县 | 龙游府 | 韩宋龙凤五年（元至正十九年，公元1359年）朱元璋改衢州路为龙游府 |
| | | 衢州府 | 韩宋龙凤十二年（元至正二十六年，公元1366年）朱元璋改龙游府为衢州府 |

续表

| 朝代 | 建置名称 | 隶属 | 备注 |
|---|---|---|---|
| 明 | 龙游县 | 衢州府 | |
| 清 | 龙游县 | 衢州府 | |
| 中华民国 | 龙游县 | 衢州军政分府 | 1911年11月至1912年2月 |
| | | 浙江省 | 1912年2月至1914年6月，县直属省 |
| | | 金华道 | 1914年6月置金华道，道治初驻兰溪，1917年移驻衢州 |
| | | 浙江省 | 1927年1月废道，实行省、县二级政区制 |
| 中华民国 | 龙游县 | 浙江省第五行政督察区 | 1938年5月浙江省划分为9个行政督察区，本区专署驻衢县 |
| | | 浙江省第三行政督察区 | 1948年4月浙江省划分为6个行政督察区，本区专署驻金华。7月全省又划为9个行政督察区，本区专署驻衢县，8月移驻江山 |
| 解放初 | 龙游县 | 第三专区 | 1949年7月成立浙江省人民政府第三行政区专员公署 |
| 中华人民共和国 | 龙游县 | 衢州专区 | 1949年10月第三专区改称衢州专区 |
| | | 金华专区 | 1955年3月衢州专区并入金华专区 |
| | （衢县地）（金华县地） | 金华专区 | 1959年12月撤销县制并入衢县。其中湖镇区于1960年2月从衢县划属金华县 |
| | | 金华地区 | 1973年专区改称地区 |
| | （衢州市地）（金华市地） | 金华地区 | 1981年1月改衢县为衢州市（县级市）。湖镇区属金华市（县级市） |
| | 龙游县 | 金华地区 | 1983年12月恢复龙游县建制 |
| | | 衢州市 | 1985年6月撤销金华地区，成立金华、衢州两省辖市，龙游划归衢州市 |

## 二、境域

地处浙江省中西部，东毗金华市婺城区，南邻丽水市遂昌县，西接衢州市衢江区，北交杭州市的建德市，东北与金华市的兰溪市接壤。境域东西最宽处 29.37 千米，南北最长处 61.5 千米，县域面积 1143.5 平方千米。县境最东社阳乡寮山尖，最西小南海镇九垄，最南庙下乡桃源尖，最北横山镇天池山。

秦置大末县，以姑蔑地为县境，其后由于析地置县，境域逐渐缩小，至明成化七年（公元 1471 年）析置汤溪县后，总体格局基本定型。

析置新安县，民国志卷二《地理考·沿革》："初平三年（公元 192 年）析太末置新安县。"（《后汉书》卷三十二《郡国志》注中也有同样说法）当时的新安县范围约含今衢江区、柯城区、江山市、常山县、开化县及玉山县东部。至是，太末县境约含今龙游、遂昌两县及原汤溪县之半。①

析置平昌县，民国志卷二《地理考·沿革》："三国吴赤乌二年（公元 239 年），析太末置平昌县（今遂昌县），太末遂为今龙游之专名。"② 至是，太末县境约含今龙游县及原汤溪县之半。

省盈川入信安，唐武周如意元年（公元 692 年）分龙丘置

---

① 关于"玉山县东部"之说，有江西人民出版社 1985 年出版《玉山县志》33 页《历史沿革》可证："秦朝，东部（金沙溪以东）属会稽郡太末县。"

② 《三国志·吴书》，无相关记载，光绪《遂昌县志·疆域》仅云"吴赤乌置平昌县"，时间未详。但《中国历史地名辞典》161 页"平昌县"条则明言"三国吴赤乌二年（公元 239 年）置，治所即今浙江遂昌县"，可见民国志定为赤乌二年当有所据。

盈川县，元和七年（公元812年）省盈川入信安，至此，盈川一带划出。①

析置汤溪县，《明史》卷四十四《地理志》“金华府”的“汤溪”条：“成化七年（公元1471年）正月析兰溪、金华、龙游、遂昌四县地置。”② 至于清阳乡的范围，1991年版县志《政区·县境》说：“大体上在今县境以东至金华县莘畈溪沿岸。”至此，龙游县境域未再有大的变化。

清末境域，民国志《地理考·疆里》：“东至汤溪县界三十里，自界至县二十里；南至遂昌县界马戍口九十里，自界至县六十里；西至西安县界盈川三十里，自界至县四十里；北至寿昌县界梅岭六十五里，自界至县二十五里；东南至遂昌县界井下源六十里，自界至县四十里；西南至西安县界蒲坑源四十里，自界至县四十里；东北至兰溪县界石峡四十里，自界至县六十里；西北至西安县界大路口四十五里，自界至县六十里。去京师四千五百里有奇，去省城五百里，去府治七十里。”“东西广五十七里，南北袤一百五十里。”

1921年，将原属龙游县的分水坪、王坞、燕窝汪村划属遂昌县，将原属遂昌县的下旦村（今属沐尘畲族乡门祥行政村）划

① 盈川县境域史无明确记载，但今衢江区高家镇之盈川村地理位置紧邻龙游县之西境，估计当时划入信安县的当为盈川县之西部，东部仍属龙丘。浙江人民出版社1992年8月出版的《衢县志》第一章《沿革》中便说：“元和七年盈川县建制撤销，并入信安、龙丘两县。”《太平寰宇记》卷九十七“废盈川县”条也持此说。

② 民国志卷二《地理考·沿革》则云：“成化八年析县之清阳乡入金华，别置汤溪县。”时间上相差一年。对此，民国志有按语说明：“乾隆《汤溪志》疆域类云‘成化七年置县’，而山川类汤塘山下则云‘成化八年迁邑于汤塘市北隅，始名汤溪’，据此应以八年为是。”按语所说也不无道理，但从总体上讲，析置汤溪县的时间还是以成化七年为妥。

属龙游县。[①]

1933 年至 1937 年，龙游、衢县会勘县界，将马叶东南部及张家（今均属詹家镇）划归龙游县。[②]

1936 年 11 月 12 日，以珏塘村之半及梅岭村划属寿昌县，寿昌县以飞地张家村（今属横山镇）之半及上叶（今属横山镇塔下叶行政村）划属龙游县。[③]

1949 年，将原属衢县的马叶村（今属詹家镇）西北部划属龙游县，使原分属龙、衢两县的马叶村得以复合。

1952 年 3 月，将龙游县士元乡的生塘徐、梅屏、小梅屏、柴埠江、山峰张划属兰溪县，将兰溪县圣山乡（今水亭畲族乡）的兑门江、米筛垄（今属上畈行政村）、经堂（今属上畈行政村）、下畈（今名上畈）、西湖（今名西胡，属上畈行政村）划属龙游县（今均属模环乡）。

1954 年 6 月，龙游和遂昌县界调整为以凹岭（即豪岭）为界，原属遂昌县白水乡第四村的芦头（今名路头，属沐尘畲族乡）及雷坞（今属路头行政村）、竹头底（今属沐尘畲族乡金龙戴行政村）、杨梅岭（今属路头行政村）、杨里（今属路头行政村）及原属遂昌县苏村乡（今北界镇）三村之岱岭（今名大头岭，属大街乡半岭行政村）划属龙游。

1954 年 8 月，将原属衢县大里乡（今峡川镇）之金村（今属石佛乡）划属龙游。

1983 年，1980 年将原属衢县外黄公社的黄村、上西两大队（今

---

① 1991 年版县志无确切时间，且未提及下旦，兹据 1996 年版《遂昌县志》补充。

② 1991 年版县志未载，兹据 1992 年版《衢县志》补充。

③ 1991 年版县志所载时间为 1940 年，兹据省档案馆资料改正。

均属小南海镇黄村行政村）划入当时的箬塘公社，复县时随箬塘公社改属龙游县。1960 年随龙游县并入衢县的大路店、上大路、湖南山、上高敬、下高敬、里湖塍、外湖塍、尖竹桥村，1983 年复县时留在了衢县。湖镇区复归龙游县时，将原属金华县的东沙畈（今社阳乡沙畈村）改属龙游县。

1985 年，将撤县期间析出的邵家、长元祝、叶家、童村（今均属湖镇镇）4 村划归龙游县，见图 1–4。

## 三、行政区划

唐贞观八年（公元 634 年），置龙丘县，县下设乡，全县 11 乡，乡下设里，其设置原则是百户为里，五里为乡。吴越时设 26 个乡，具体名称无考。北宋初年承袭唐代旧制，县下设乡，乡下有里；开宝七年（公元 974 年），曾废乡设管；熙宁、元丰以后县下设乡，乡下设都；太平兴国年间，全县设 27 乡；元丰年间，设 1 镇 11 乡。元朝改设乡、都、图，在乡下设都，都下为图，设 11 乡、38 都、226 图。明初沿袭元制，后分龙东乡为龙游乡、清阳乡，析清阳乡别置汤溪县后，仍为 11 个乡。洪武十四年（公元 1381 年），诏天下编赋役黄册，以 110 户为一里（在城曰坊，近城曰厢），里编为册，每册首总作一图，全县 175 图，分属 11 乡、39 都。至是乡虽沿用，实都图制。嘉靖元年（公元 1522 年）调整为 11 乡、37 都、110 图。万历后期为 11 乡、39 都、183 图。清末县下设区，区下改图为庄。清初乡仍沿用，有 39 都、184 图；康熙前期为 11 乡、39 都、144 图；雍正年间改图为庄，共 184 庄；咸丰年后，清厘原编，分 11 乡、39 都、142 图；宣统三年（公元 1911 年）依城镇乡自治章程，废乡都图制，县下设区，区下为庄（改图为庄）。全县

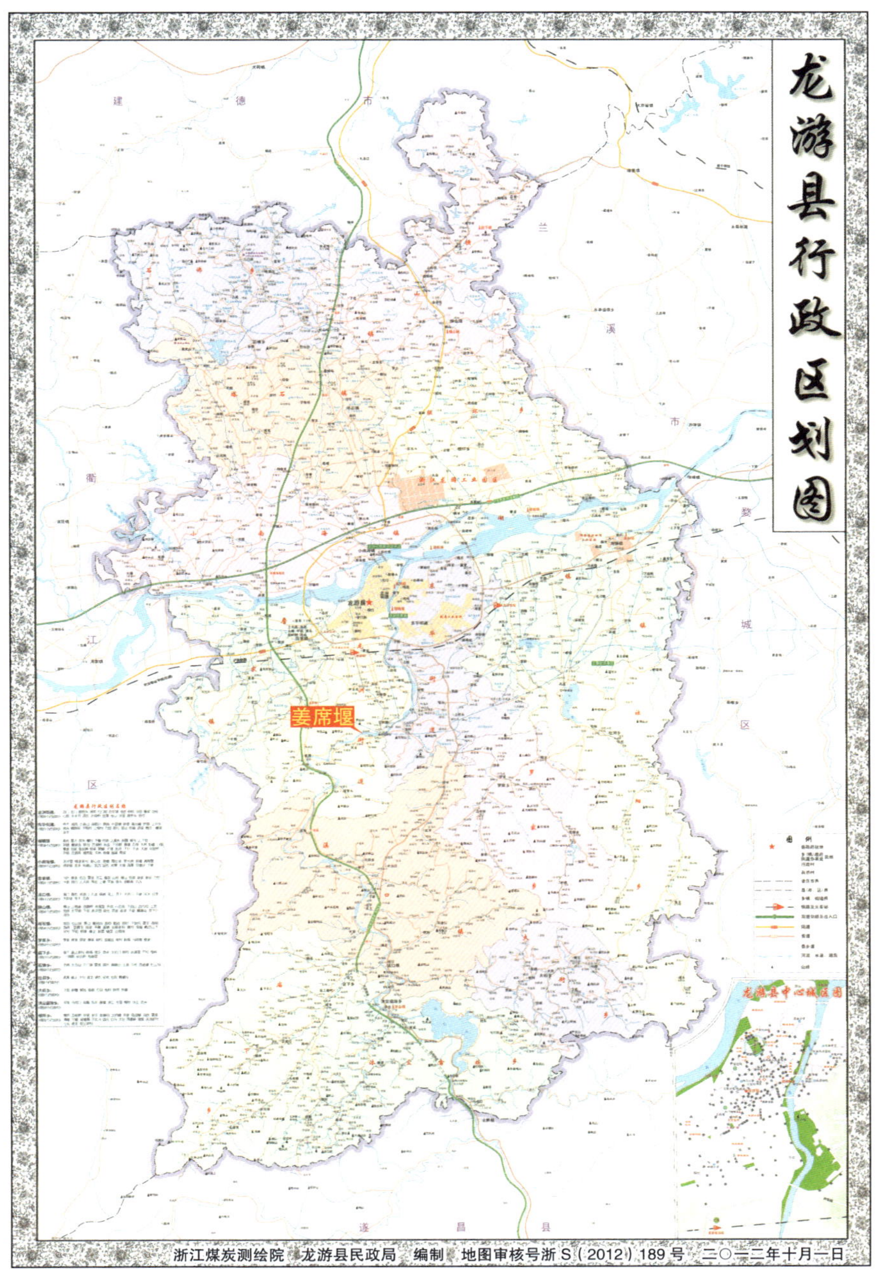


图 1-4　龙游县行政区划图（县史志研究室供图）

21 区：城区、官村区、湖镇区、七都区、社阳区、希唐区、状元区、灵山区、溪口区、沐尘区、庙下区、官潭区、五都詹区、团石区、泽随区、石佛区、莲塘区、塔石区、蛮王区、塔下叶区、新王区。民国间县以下区划变动甚多，名称亦多变，末期定为乡（镇）、保、甲，1940 年，重新划编乡镇界域，增设后徐、朝阳两乡，全县 5 镇、18 乡、295 保、3480 甲。中华人民共和国成立后以区、乡、村三级建制为主，1958 年后实行政社合一的人民公社体制，1983 年复为区（镇）、乡（镇）、村。此后历经多次调整，区划设置呈数量减少、范围扩大之势。2005 年为 2 街道、6 镇、7 乡，下辖 7 社区、432 村、3 集镇居民委员会。2008 年行政村规模调整为 2 街道、6 镇、7 乡，下辖 8 社区、262 行政村、3 集镇居民委员会，直至今 2022 年。

龙游县隶属浙江省衢州市，县人民政府驻县城太平西路。北距省城杭州直线距离 167 千米，西距衢州市区 30 千米。

## 四、人口

2020 年，县域面积 1143.5 平方千米，设 2 个街道、6 个镇、7 个乡，下辖 8 个社区、262 个行政村。居民 13.7 万户，户籍人口 39.98 万人，户籍人口城镇化率 32.93%，常住人口 36.05 万人，常住人口城镇化率 51.58%。有畲族人口约 1.12 万余人，蒙古族、回族、苗族、壮族、满族、彝族、藏族等 31 个少数民族人口 2150 余人。

## 五、历史文化

龙游建县历史源远流长，独特的地理优势，留下了丰厚的文化积淀。

### （一）历史悠久

有新石器时代的文化遗址 10 处，出土大量石箭镞、石刀、石锛和玉珠、玉玦以及各种陶器残片。青碓、荷花山、下库新石器时代遗址，属于距今 11000—8500 年的新石器时代早期，将境内人类活动历史提早到 1 万年左右，遗址中发现了人类走出洞穴后最早的地面构筑物，发现了全世界迄今最早的稻作遗存，被考古界论定为是长江下游早期新石器时代考古学文化的重要突破，为解决上山文化和跨湖桥文化的关系以及与周边考古学文化的关系，提供全新的资料。遗址中发现的稻作遗存，证明龙游所在的钱塘江上游地区，是稻作农业文明的重要发祥地之一，见图 1–5。到春秋战国时的姑蔑古城；到秦代行郡县制，实行大一统；到五越王钱镠设的龙游县；南宋时期，随着宋室南移杭州，地处钱塘江上游的龙游在以水运为主要交通工具的年代，经济得以快速发展。农业以水稻、麦、豆、蚕桑、芝麻、茶叶、甘蔗、柑橘为主，手工业的制纸业、造船业、印刷业、酿酒业也已相当发达；宋末元初人刘辰翁在《须溪集・送人入燕序》中记载他由江西吉州经龙

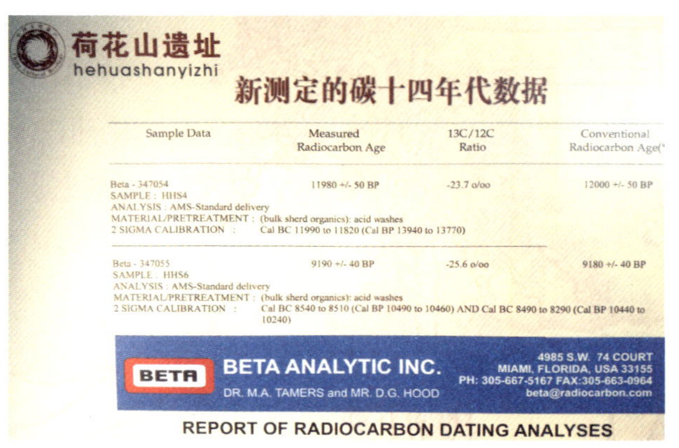
荷花山遗址
hehuashanyizhi
新测定的碳十四年代数据

| Sample Data | Measured Radiocarbon Age | 13C/12C Ratio | Conventional Radiocarbon Age(* |
|---|---|---|---|
| Beta - 347054<br>SAMPLE : HHS4<br>ANALYSIS : AMS-Standard delivery<br>MATERIAL/PRETREATMENT : (bulk sherd organics): acid washes<br>2 SIGMA CALIBRATION : Cal BC 11990 to 11820 (Cal BP 13940 to 13770) | 11980 +/- 50 BP | -23.7 o/oo | 12000 +/- 50 BP |
| Beta - 347055<br>SAMPLE : HHS6<br>ANALYSIS : AMS-Standard delivery<br>MATERIAL/PRETREATMENT : (bulk sherd organics): acid washes<br>2 SIGMA CALIBRATION : Cal BC 8540 to 8510 (Cal BP 10490 to 10460) AND Cal BC 8490 to 8290 (Cal BP 10440 to 10240) | 9190 +/- 40 BP | -25.6 o/oo | 9180 +/- 40 BP |

BETA
BETA ANALYTIC INC.
DR. M.A. TAMERS and MR. D.G. HOOD
4985 S.W. 74 COURT
MIAMI, FLORIDA, USA 33155
PH: 305-667-5167 FAX:305-663-0964
beta@radiocarbon.com
REPORT OF RADIOCARBON DATING ANALYSES

图 1–5　青碓荷花山遗址图碳十四年代测定数据（县博物馆供图）

游到临安所见："衢、信之间，华堂逆旅，高堂盖道，憩车系马，不见晴雨，列肆青楼，倚门成市，行者如织。"可见当时衢州、龙游一带商业繁华景象；到明、清两代设立都图制；民国进入军阀执政时期。历史绵长，社会富庶。

**（二）文化鼎盛**

南宋定都临安后，龙游的科举达到鼎盛阶段，龙游县先后157名进士中，宋代占109人，赢得"儒风甲于一郡"的美誉。吕防一家就有父子、兄弟、叔侄5名进士，传为佳话，住所称丛桂坊。一批学术成果也随之问世，如汪应辰所著《文定集》、夏僎所著《尚书详解》等，均为《四库全书》收录；宋代以后，被《四库全书》收录或存目的著述有唐人徐安贞的《徐侍郎集》、元人赵缘督的《革象新书》、明人童珮的《童子鸣集》、童珮编的唐人杨炯《杨盈川集》、明人释传灯著的《天台山方外志》《幽溪别志》等，徐金生绘辑的《滇南矿厂图略》则被《续修四库全书》收录。

**（三）文物资源丰富**

龙游县有各级文物保护单位，县馆藏文物中，最早的属新石器时代，夏、商、周直至明清的均有。馆藏文物以陶器、原始瓷器以及铜镜为多，陶、石器从新石器时期起，到战国至汉代为主，原始瓷器西周时期的不少，两汉时的更多，铜镜从西汉到唐朝均有。考古挖掘中先后有东汉至唐朝的古窑址发现，三酒坛、杨侯殿山、鸡鸣山、牛形山等新石器时代文化遗址中，陶器残片的出土量也相当大。说明历史上的龙游，从荷花山遗址始，烧制以粗泥陶为主，掺杂稻壳的夹炭陶器次之，标志着整个上山文化谱系，在钱塘江流域农耕文明，尤其是水稻文化的启明。原始瓷器的起步不迟于新石器时代晚期。在龙游唐代方坦窑址中，已有乳浊釉瓷器出现，成为婺州窑系中的代表。不少谷仓、猪圈、鸡笼等明器的出土，佐证了龙游农业生产的早期历史。以明清两代民居、宗祠为代表的古建筑，装饰精美，种类齐全，是中国江南民居建筑的代表。全国第三次文物普查龙游共普查登记上报重点目录数为1646处，分类中，百分之八十为古建筑，以古民居为多，被称为浙江古民居之乡。保存完好的有建于宋代的舍利塔和建于明代的鸡鸣塔、龙洲塔、浮杯塔、湖岩塔、沐尘塔、横山塔、刹下塔8座砖塔，和各种古建筑一起，点缀于山水之间，构成龙游特有的景观。龙游石窟和龙游民居苑，既是它们中的代表，也是重要的旅游景点。目前已公布的国家、省、县三级文物保护单位有205处，占衢州市的35%，其中国保单位7处，省保34处，县保164处。县博物馆馆藏文物4258件，其中珍贵文物116件（一级文物5件，二级文物20件，三级文物91件），还有国家级历史文化名村3处，省级历史文化名村（名镇、街区）14处，国家级传统村落9处，浙江省级传统村落9处。

**（四）代表人物**

《后汉书》已有龙丘苌的记载，《三国志》有徐陵、徐平父子的记载，《南齐书》《南史》有《徐伯珍传》，新旧唐书均有《徐安贞传》。在《宋史》中立传的有5人：汪应辰、刘章、余端礼、马天骥、刘愚，未入正史的代表人物也不少。在朝为官者敢说敢为，政绩昭然，如状元汪应辰、刘章反对秦桧，“南渡名宰”余端礼敢冒风险力挽危局等。也有不少人发扬龙丘苌、徐伯珍不慕名利、专心向学的精神，如刘愚的结庐城南著书自适，夏僎的辞职归乡致力讲学。宋代以后，各种学术性、艺术性的代表人物表现突出，如民间科学家赵缘督、“浙操之师”祝望、藏书家童珮、天台宗

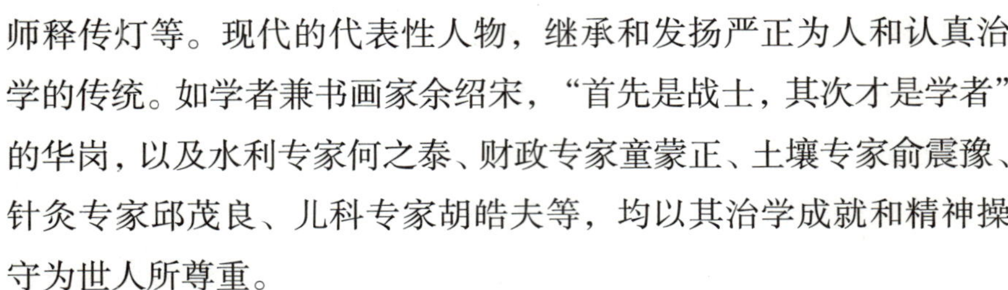

师释传灯等。现代的代表性人物，继承和发扬严正为人和认真治学的传统。如学者兼书画家余绍宋，“首先是战士，其次才是学者”的华岗，以及水利专家何之泰、财政专家童蒙正、土壤专家俞震豫、针灸专家邱茂良、儿科专家胡皓夫等，均以其治学成就和精神操守为世人所尊重。

**（五）遍地龙游**

龙游商帮萌发于南宋，随着明代中叶以来江南经济的发展和商业的繁盛，兴旺于明清之际。龙游商帮是以龙游商人为中坚，包括整个浙西地区的商人资本集团，以经营珠宝和纸张、书籍等文化用品为特色，活动范围遍及全国乃至海外，俗有“遍地龙游”之谚。与各地商人相角逐而称雄一时，成为中国十大商帮中的一员。明朝政府废徭役制度，改用货币交纳，促进了商贸活动和经济进一步的发展。从明万历年间至清朝前期，龙游从商人数剧增，龙游商帮进入鼎盛时期。百姓安居乐业，财富大量聚积，乡绅富豪乐施善布。康熙《龙游县志》序记载：“吾邑闾阎熙穰，烟火和乐，家家力穑服贾，足以自给。故勇于急公，笃于好义；弦诵之声，琅琅相接。无不思奋迹策名、致身通显。”到清后期，龙游商帮终因种种原因而衰落，致使余绍宋先生在民国《龙游县志》·卷二《地理考·风俗》的按语中发出“遍地龙游之说，久不闻矣”的感叹。

# 第三节 经 济

## 一、主要特点

### （一）农业县发展步履维艰

乡人素重农耕，讲究精耕细作，在漫长的社会经济发展历程中，农业始终居先导性和基础性地位。但农业发展缓慢，生产水平低下。农人皆面朝黄土背朝天，不知不觉地在田野度过一生的劳作。靠着日出而作、日落而息与大地互动，靠着黄土和田野的翻种发展生产力，而产生的劳动成果，来维系自己的温饱，这个过程维持着农耕文明。尤其封建时代，极大部分土地为地主阶级占有，作为生产者的广大农民受尽了地租的盘剥，生产力的发展受到严重的阻碍。随着农村土地改革的实施，全县划定地主 2425 户，共没收征收地主、富农土地 459180 亩。没收的土地、财物除留少量公用外，全部分给农民。全县 47510 户，201470 人，分得耕地 459180 亩。从而摧毁了几千年来的封建土地制度，极大地激发了农民的生产积极性，促进了农业生产的恢复和发展。但是由于极左思想的存在，农民虽分得一份土地和农具，但多数农户经济底子薄，生产资金短缺，耕畜农具不足，缺乏抗灾能力，许多贫雇农生活仍然困难，有的开始借债或典卖土地，有的农民向往着走农业互助合作道路。

### （二）传统农业的转型

1958 年 8 月 29 日，中共中央作出建立人民公社的决议。1961 年 7 月，调整人民公社规模，改管理区为人民公社，生产队为大队，

小队为生产队。实行“三级所有，队为基础”，以生产队为基本核算单位，由生产队组织生产，实行评工记分、按劳动工分分红，这些措施，没有使得经济快速发展。恢复社员自留地，允许零星开荒扩种，允许和鼓励社员发展家庭副业。农业生产开始回升。农村生产责任制的实施进一步完善，调整了农村生产关系，构建了进入社会主义市场经济的农村经济新秩序。1983 年下半年起，全县先后改变人民公社政社合一的体制，实行了政社分设，建立乡政权，人民公社作为农村集体经济组织形式保留。1986 年下半年，各县全面恢复乡、村建制，人民公社体制自行消失，从而使全县的农业生产进入一个新的发展阶段。

**（三）几年里发展快速**

党的十一届三中全会后，农村经济体制改革起步，全县各地涌现多种形式的联产承包责任制。1984 年，贯彻中共中央（1984）1 号文件，稳定、完善家庭联产承包责任制，延长土地承包期，按照“大稳定、小调整”原则，对土地分得过于零碎及人口、劳动力增减变化大的作适当调整。同年 10 月，完善林业、经济特产承包责任制，91 万亩山林承包期延长至 30 年以上。是年遭雪、冰、雹、洪水等自然灾害 7 次，粮食仍丰产，年粮食总产量、亩产分别比上年增 27711 吨、88 千克，创历史最高水平。年生猪饲养量 34.72 万头，一度出现“卖粮难”“卖猪难”。农村实行第二步改革，调整农村产业结构，改革农产品统派购制度，发展农村商品经济，由单一经营转向多种经营。翌年，全县扩大经济作物 7.4 万亩，占总耕地面积 21%，其中种桑养蚕、挖塘养鱼、弃粮种橘 3.71 万亩。粮食播种面积从 1984 年的 72.14 万亩减至 67.86 万亩，减少 5.93%。供销合作社体制也进行改革，恢复其组织群众性、管理民主性、经营灵活性。农村信用社恢复独立核算，自负盈亏、自主经营，基层信用社独立开展存贷业务。1993 年底，县委、县政府又提出了“完善经营责任制，推进产权改革，健全市场体系，着力发展龙头企业，推行股份合作制，培育要素市场，加快建立适应社会主义市场经济要求的农村经济运行机制和管理体制”的总体方案。以家庭联产承包为主的责任制和统分结合的双层经营体制，要作为农村经济的一项基本制度长期稳定，并不断完善。按照“明确所有权，稳定承包权，搞活使用权”的原则，建立土地使用权的流转机制，允许农民自由有偿转包、转租，使土地向种田能手和大户集中。积极引导和推行规模经营，大力兴办农业基地和企业集团，使农民更快更好地走向市场。经产业结构调整，先进科技推广，优质高效高产农业发展，使近 2 万农村劳动力从传统农业转向非农业、乡镇企业发展，1993 年底，乡镇工业总产值 94522 万元，占工业总产值 66.6%, 比 1983 年 2441 万元增长 37.7 倍，成为农村经济的一大支柱和国民经济的重要方面。农村经济的发展开始进入以调整结构、提高效益为主要特征的新阶段。1995 年，农民人均收入 1958 元，比 1982 年的 188.18 元增 1769.82 元。

**（四）农业技术推广**

自 60 年代中期开始，各区农技站也建立了农业技术试验示范点。70 年代，公社、大队、生产队各级建立农业科技推广网，公社建农科站、大队建农科队，生产队成立农科组，每组设种子示范田、高产样板田、新技术试验示范田。区农技站除蹲点搞样板外，并根据农事需要，对各级农科人员进行技术培训。生产责任制到户后，为适应新形势，每个行政村设一科技村长，负责本村农技

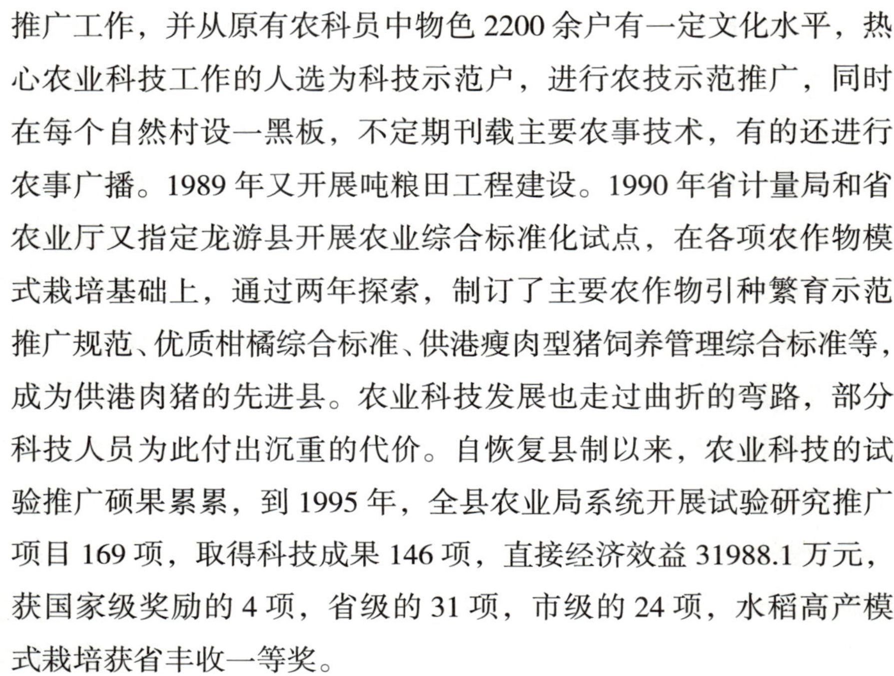

推广工作，并从原有农科员中物色 2200 余户有一定文化水平，热心农业科技工作的人选为科技示范户，进行农技示范推广，同时在每个自然村设一黑板，不定期刊载主要农事技术，有的还进行农事广播。1989 年又开展吨粮田工程建设。1990 年省计量局和省农业厅又指定龙游县开展农业综合标准化试点，在各项农作物模式栽培基础上，通过两年探索，制订了主要农作物引种繁育示范推广规范、优质柑橘综合标准、供港瘦肉型猪饲养管理综合标准等，成为供港肉猪的先进县。农业科技发展也走过曲折的弯路，部分科技人员为此付出沉重的代价。自恢复县制以来，农业科技的试验推广硕果累累，到 1995 年，全县农业局系统开展试验研究推广项目 169 项，取得科技成果 146 项，直接经济效益 31988.1 万元，获国家级奖励的 4 项，省级的 31 项，市级的 24 项，水稻高产模式栽培获省丰收一等奖。

## 二、特色农产品

历史上北乡田莲、西乡红糖、东乡萝卜、龙游小辣椒、龙游发糕、银丝粉干等传统农业特产久负盛名。20 世纪 90 年代以来，重视结构调整，农产品商品率提高，名茶、出口蔬菜等进入市场，龙游小辣椒、龙游发糕等实现工厂化生产。随着规模化、现代化农业的发展，特色农产品商品化势头进一步加强，绿色农产品生产愈益重视。

### 1. 龙游小辣椒

始产于清咸丰元年（公元 1851 年）。时安徽歙县人王家锐在县城创办王正丰酱园，采城北赤步墈头农民种植“寸钉椒”，用家传秘方酱制而成，至今 170 余年历史。民国时年产约 30 担，大多销往沪、杭等地。1963 年 3 月，赤步勘头建小辣椒厂，加工成品约 300 担。1983 年后重建生产基地 30 亩，年加工成品约 200 担。1988 年种植 200 亩，加工成品 1200 余担。90 年代以来生产厂家增多，产量大增。1992 年龙游小辣椒食品有限公司生产的龙洲牌小辣椒，获省首届食品博览会金奖和国家级金奖。1993 年龙游天伦食品有限公司生产的小辣椒，获香港国际食品博览会金奖。“铜鸟”“王正丰”牌龙游小辣椒成为国家地理标志产品。

2. 龙游发糕

相传明代已有，因风味独特，且音谐“发高”象征吉利，遂成节日佳品。发糕加工精细，选用上等白糯米搭配粳籼米，浸十数天后用水漂清米泔味沥干，磨成细粉或米浆，按比例加猪油、白糖（旧以红糖为主）、酒酵调成糊状，置垫有荷叶的蒸笼中。先温热催酵，待发至满笼再旺火炊熟，趁热印上花纹图案，或撒敷红绿丝、桂花、红枣等，涂麻油或茶油。色泽晶亮，孔细似针，荷香扑鼻，食之糯而不黏，甜而不腻。1959 年后龙游食品厂等厂家加工应市，20 世纪 80 年代后配料更精细。90 年代以来实现工厂化批量生产，“金谷”“德辉”“善蒸坊”牌龙游发糕实施国家地理标志产品认证，见图 1–6。

**图 1–6 龙游发糕**（县史志研究室供图）

3. 银丝粉干

民国志卷六《食货考·物产》有“粉干者，吾县佳制也。邻县虽有之，咸不若。其制法:

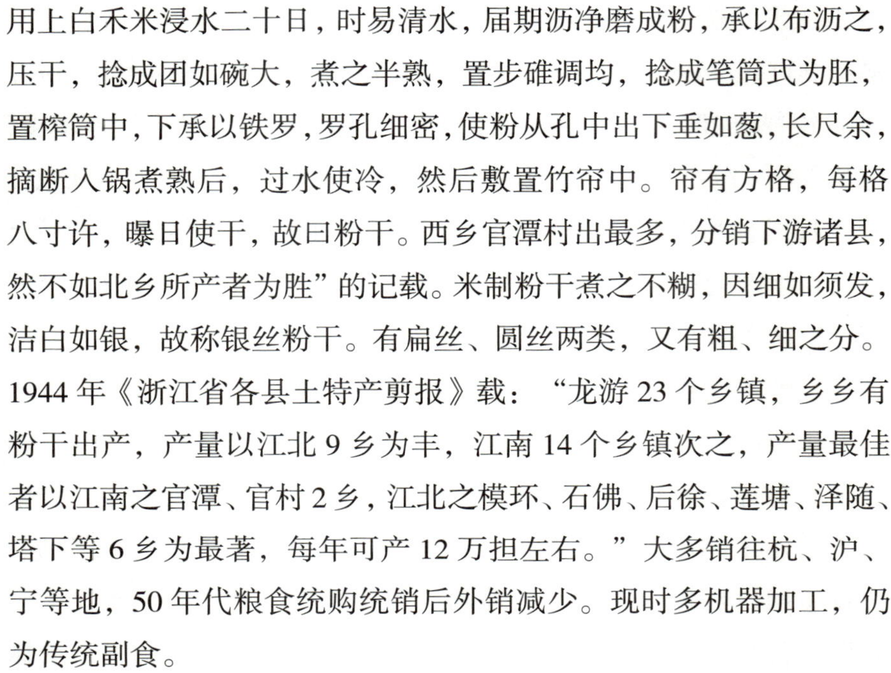

用上白禾米浸水二十日，时易清水，届期沥净磨成粉，承以布沥之，压干，捻成团如碗大，煮之半熟，置步碓调均，捻成笔筒式为胚，置榨筒中，下承以铁罗，罗孔细密，使粉从孔中出下垂如葱，长尺余，摘断入锅煮熟后，过水使冷，然后敷置竹帘中。帘有方格，每格八寸许，曝日使干，故曰粉干。西乡官潭村出最多，分销下游诸县，然不如北乡所产者为胜”的记载。米制粉干煮之不糊，因细如须发，洁白如银，故称银丝粉干。有扁丝、圆丝两类，又有粗、细之分。1944 年《浙江省各县土特产剪报》载：“龙游 23 个乡镇，乡乡有粉干出产，产量以江北 9 乡为丰，江南 14 个乡镇次之，产量最佳者以江南之官潭、官村 2 乡，江北之模环、石佛、后徐、莲塘、泽随、塔下等 6 乡为最著，每年可产 12 万担左右。”大多销往杭、沪、宁等地，50 年代粮食统购统销后外销减少。现时多机器加工，仍为传统副食。

4. 开洋豆腐干

始产于 20 世纪 40 年代初，县城西门刘荣富豆腐店以豆腐干内裹开洋，经多道工艺制作。外表黄泽油润，肉质玉白细腻，富弹性，扭曲成弓形不断裂，味鲜可口，有“素火腿”之称。50 年代后一度停产，1963 年县豆制品厂恢复生产，但质量不如前。近年多为个体户加工，品质不一，少数加鲜肉馅的颇受欢迎。

5. 竹林

竹资源丰富，有中国竹子之乡之称，是浙江省毛竹重点生产县之一。民国志卷六《食货考·物产》有“东南两乡多猫竹，亦称毛竹。节坚干粗，高三丈有奇，用以制楮，出产甚宏，冬笋亦佳。他如实竹，产灵山至官潭沿溪一带，立夏时笋最盛，干径寸余，管最细因名，非真实心也。以其必产溪边，故又称水竹。金竹，外形略同实竹。

紫竹最细。又有雷竹，则管最大，叶较他竹为多，仅供美观而已，独其笋至鲜美，闻雷即出因名。别有苦竹一种，其笋苦不可食故名，节最疏，乡人用以制纸帘，然仅产于渡贤、官家两村，故其值颇贵”的记载。据森林资源调查，全县竹类共有9属41种，历来以毛竹为主栽品种，其他竹种俗称杂竹。1933年《中国实业志》有“毛竹为本省特产，尤以龙游县为最”的记载。1952年竹林16.19万亩；1957年竹林17.39万亩，立竹量1745.16万株；1984年竹林23.92万亩，立竹量2130.86万株。1984年后依靠科学技术种竹育竹，2005年全县竹林36.15万亩，立竹量5495.39万株，其中庙下乡最丰，竹林7万亩，立竹量1120万株。笋竹两用毛竹林栽培技术，由中国林科院亚热带林业研究所与县林业局合作研究，采用科学的人工干预，优化林分结构，改善生长环境，达到毛竹林优质、高产、稳产、高效。主要栽培技术是加强林地管理、竹林清理、劈山和垦复，挖除毛竹林地的石头、树蔸、竹筱蔸和老竹鞭，保留一定的阔叶树。垦复方式因山制宜，平缓竹林全垦，依次为带垦、块垦。肥料氮、磷、钾全面，尽可能多施有机肥。加强水分管理，秋季是笋芽分化膨胀期，需水量较大，有条件的林地进行浇灌。科学采收竹笋和留笋养竹，按丰产竹林标准留足新竹，适时适量适地挖笋。竹材采伐要掌握好竹龄、季节、强度、方式等环节。加强病虫害防治，采用营林、生物和化学等方式进行综合防治。笋竹两用林栽培技术开辟了毛竹丰产栽培新途径，1998年获省科技进步三等奖。

6. 冬笋

主产地龙南山区。毛竹笋有冬笋、春笋两种，冬笋出产季节为每年冬至至立春，春笋为清明到立夏。龙游冬笋以壳薄、质嫩、味鲜闻名，上市时节沪、杭、甬客商云集，收购转运。20世纪40

年代，年销量12万担（每担50千克）以上，价值30万元至40万元。50年代后产量减少，仅供县内销售。2000年后，溪口山区有20余万亩毛竹山可产冬笋，管理好的每亩可年产冬笋50千克以上，但有大、小年之分，逢小年时基本不产冬笋，或只有大年的20%左右。常年可产冬笋1000吨左右，除本地自销外，主要销往宁波、慈溪、余姚及杭州、萧山、上海、江苏等地。1981年后春笋加工成水煮笋销往日本，1992年龙游笋厂生产的西湖牌水煮笋罐头，获首届中国农业博览会金奖、浙江省首届食品博览会银质奖。笋竹两用林建成后，春笋产量大年1万吨，小年1500吨。近年来各种小竹笋大量上市，一年四季均有，除满足县内消费外，多有加工后销往外地的。2005年生产各类笋干3120吨。

7. 茶油

主栽品种为霜降子，也有少量寒露子和立冬子，近年引进少量小叶油茶和浙江红花油茶。主产溪口，社阳、罗家、官潭、石佛等地也有出产。民国时，年产茶籽约40吨。据1942年《浙江农情》载，1941年产茶油95担。20世纪50年代大力发展油茶，1958年产茶籽465吨，产油112吨。60年代后部分油茶林被毁，产量下降。1981年林业部投资45万元，在县林场建全国油茶良种繁育基地，1987年建成，面积1646亩。1981年产茶籽641吨，2005年产茶籽1800吨。

8. 乌桕

县北诸乡镇均有生产，以县东湖镇、希唐一带出产最多。多栽于田埂、路旁及低丘山地，为浙江省重点产区之一。最高年产桕子2.5万担，可榨桕油5000担、青油4000担。民国志卷六《食货考·物产》有“出桕子最夥。桕子为用至大，脂以制烛，仁以制油，其渣成饼为肥料，而油尤为出产之大宗”的记载。1940年产柏油35万千克，1942年产柏子2141.5吨、青油299吨，80%以上输出。1949年产柏子1000吨、柏油255吨。50年代后期开始，随着双季稻种植面积的扩大，平原地区的乌桕树因根系长年受水死亡。1962年后县北横山、模环、塔石、泽随、下宅、兰塘等丘陵地开发乌桕基地，成主要产区，产量上升，1988年产柏子904吨。后因农田改造，田边地角种植乌桕渐少，加以乌桕毛毛虫成灾被大量砍伐等原因，现已基本绝迹。

## 第四节 水 利

水是一切生命的源泉。农耕文明社会里，水利更是农业的命脉，为历代施政者之要事。

### 一、古代水利特点

龙游县以衢江（旧称瀔水）为界，有“南堰北塘”的水利习惯。居民为什么会有分南方与北方的水利差别呢？因为南方、北方也有着不同治水的模式。瀔水南面接壤着仙霞岭山脉，旧称括苍山，有一支山谷溪涧的水，它发源于遂昌高坪，溪水慢慢而下汇流于瀔水，这就是灵山江。人们看准地势与形势，提灌它的水用来灌溉农田，粮田成为主要的灌区，所以瀔水的南岸的田亩，用堰坝并筑堤作为灌溉主要的手段。不仅仅是灵山江如此，社阳港、罗家溪、芝溪也都一样。而瀔江北面的水，都分布平原旷野上，雨水、井泉作为源头，由于浅表渗漏溢出，有时随着雨水的增大，慢慢地流成小河，也慢慢地汇集成小塘，甚至成为大塘。粮田之间的

灌溉就是引导山塘水库的水进行灌注，这也是化害为利的举措之一。最早时候的蓄水，也为了防治旱灾与涝灾，注重适当的时间来蓄水，山塘太满流溢了，就注意泄洪排放。如此良好的蓄水，就需要良好的人管理。先讲一讲堰坝堤岸。先筑拦溪水的坝与堤，导流堰或冲沙闸就特别重要，并注重管理。然后对于堤防与驳岸，稍微有裂隙，这是“千里之堤，溃于蚁穴”。蚁穴随着裂隙慢慢地漏下去，时间一长，就小洞变大洞，而且以惊人速度塌陷下去并蔓延开来，造成山川决堤，一发而不可收。所以治理堰坝的方法在于加厚它的坝体，加固他的堤岸，注重冲沙闸的日常管理，就不存在有决堤的危险了。再讲讲山塘。山塘水库的广度和狭小也都不一个样，大的山塘面积有数十多亩，小的山塘面也仅仅数十几丈，蓄水也有一定的局限性，然而期待它的福泽的人却非常众多。应该长期养护，看它的蓄水是满满盈盈，但是有时灌溉的水却不能满足，原因是底部有淤泥了，长此以往，池塘里的淤泥会越积越多。因此，治理山塘水库最好的办法就在于每年的疏浚，这样以防淤积，就没有了堙塞的忧患了。这是龙游南方、北方水利的区别，换而言之，这才是民生大事，是真正地为民办实事。从百姓的情感角度看，懂得了以水利工作为重，才是关系群众、联系群众，做到心情与行为能力和谐协同，坐等观望的事情就会减少。只有做官勤勉的人能为农民办实事，以大局为重，亲力亲为地做事，人们就会信任他，服从他，并用文章来歌颂他。抓住机遇，抓住良好的发展时机，旱地也可以变成丰田，荒芜之田也可以变成物产富饶之地，如白渠、芍陂的水利红利，钳卢、龙首的水利丰饶。不难看出，这些都是在优良的领导、有效的管理和齐抓共管之下获得的。

## 二、水利工程

自古以来，龙游人民一直与水旱灾害进行不屈不挠的斗争。据民国志卷六《食货考·水利》记载，至清末，全县水利设施仅有水塘 233 口、内湖 16 处、堰坝 134 处，灌溉面积 12.8 万亩。从总体上讲，抵御自然灾害能力薄弱，防洪抗旱一直是个沉重的课题，见图 1–7。中华人民共和国成立后，秉承水利是农业命脉的理念，水利工程建设凭借灌区和非灌区共同参与的大协作精神，依靠大量人力肩挑手挖，艰难起步，先后建成联办大型水库、中型水库、小（1）型水库，小（2）型水库、山塘［原称“小（3）型水库”］560 座，大型引水渠道 1 处，以及各种电灌工程、堰坝等。进入 20 世纪 90 年代，水利事业提升到事关国计民生的战略高度，

图 1–7　龙游县水利工程分布图（《衢州府志》）（县史志研究室供图）

省政府先后推出千库保安全工程、千万亩十亿方节水工程，对大小水库进行全面整修加固和渠系改造，极大地提高了水利设施的运行质量。1993 年以来开展的三江治理工程，使衢江和灵山江的洪涝威胁基本解除。后有建成的沐尘水库、小溪滩水利枢纽工程、红船头水利枢纽工程和高坪桥水库等。水利事业逐步向全社会的生产、生活、生态建设层面推进。

**（一）灌溉设施**

兴修水利，一直是全县人民的愿望和传统。受生产力水平的限制，长期以来仅能进行一些湖塘堰坝的修建整治，规模既小，效益有限，却也并不容易。1953 年以来，政府重视，人民踊跃，资金投入随着社会经济的发展不断增加，工程规模也逐渐加大。全县蓄、引、提总水量达 3.2 亿立方米，有效灌溉面积达 32.05 万亩，全县耕地基本实现旱涝保收。

1. 湖

分布在衢江两岸及绕大片田畈而过的溪流周边，大多为河道改线遗留的退化支流汊港，或沙滩地势低洼溪水管涌所致，逐渐被人们开辟为灌溉水源。民国志卷六《食货考 · 水利》记载有湖 16 处，可注田 4800 余亩。其中灌溉面积 200 亩以上者有 7 处。

2. 塘

规模一般比湖小，以人工修筑为主，也有因开矿或烧砖瓦取土等形成后为人们所利用。民国志卷六《食货考 · 水利》记载有塘 233 处，可灌溉农田 2.59 万亩。现有以灌溉为主的各种山塘、田间塘、村口塘等 8715 处，其中小（3）型水塘 560 座。蓄水量 1564 万立方米，灌田 2.65 万亩，抗旱能力一般 10 天至 20 天。其中灌溉面积 200 亩以上者共 66 处。

3. 泉井

旧时离河流较远的坡田、梯田大都依赖泉水灌溉。据民国志卷六《食货考·水利》记载，境内詹家镇有三桥泉井、红泥塘泉井、石湖泉井、泉井垄泉井、上泉井、下泉井，湖镇镇有石五泉井、石六泉井、塘坑泉井、八股泉井、同堂泉井、石五泉井、上畈泉井，社阳乡有西竹园泉井，横山镇有下堨泉井、泉井畈泉井、塘下叶大泉井、上洪畈泉井，塔石镇有大泉井、小泉井。

4. 堰坝

堰坝是旧时重要的灌溉设施，民国志卷六《食货考·水利》记载共有 134 处。2005 年全县共有较大灌溉堰坝 205 处，灌溉面积 11.45 万亩。其中旧堰 137 处，1949 年后建成的 68 处，其中包括 1970 年以后建成的活动坝 13 座。另有不用于灌溉的拦河橡胶坝两处。

5. 水库

1954 年 5 月建成的西塘边水库为县内首座水库，此后水库建造一直未有停歇。1989 年以来，除险加固成为水库建设重点，省政府推出千库保安工程，提高了对病险水库处理扶持力度，全县中小型水库以此为契机先后进行整修加固。到 2022 年底，全县有大型水库一座，中型水库三座，小（1）型水库 8 座，小（2）型水库 103 座，小（3）型水库 619 座，总蓄水量 8956 万立方米，连同乌引工程、铜山源水库引水，全县形成了铜山源、乌引、沐尘水库、高坪桥水库、社阳水库、周公畈水库、黄泥坑水库、姜席堰等 7 大灌区，灌溉面积 28 万亩，占全县耕地面积的 79.2%。

**（二）江河治理**

旧时，除清末民初与汤溪县联合修筑 5 千米张峰堋防洪堤外，

境内衢江基本上无其他堤防设施；灵山江有较规则的堤防 10 处，以下游官潭至县城河段较多；社阳港、罗家溪以沿溪筑坝或卵石护岸为主；塔石溪、模环溪除少数砌石护岸外，多数为自然河岸。1950 年后，防洪工程在修复加固旧堤的基础上，有一定的延伸扩建。至 1988 年，境内衢江建有防洪堤 16.16 千米，砌石护岸 1.6 千米，建有丁坝 19 条共 475 米。灵山江有防洪堤 20.65 千米，砌石护岸 6.94 千米，建有丁坝 23 条共 339.3 米。塔石、模环两溪流改建旧河道 30 千米，使河道缩短 7.7 千米。1993 年 8 月，境内衢江两岸、灵山江姜席堰以下至衢江汇合口，列入钱塘江中上游衢江、婺江、兰江治理标准堤建设规划（简称三江治理）。1993 年底动工，2021 年基本完成，先后筑造标准江堤 93.321 千米，形成张峰坳片、鼎新片、七都片、张家埠片、团石片、欧塘张扬片、寺后片、下杨片、城区片 9 个闭合圈，防洪能力明显提高。

**（三）城防工程**

龙游县城北濒衢江，东有灵山江穿城而过，虽有部分防洪设施，但总体上讲标准不高，洪水威胁一直未能根除。1993 年省三江治理工程实施后，1997 年 12 月开始城防工程建设，工程由衢江南岸防洪堤和灵山江东西两岸防洪堤组成，城防建设工程 8 个标段于 2003 年完成。共修筑江堤、护岸共 45.52 千米，工程投资 4181.48 万元，防洪能力达到 20 年一遇洪水标准，为沿江群众营造了一个较为安全的生产生活环境。灵山江农村防洪工程。灵山江属山溪性源流，坡陡流急。20 世纪 50 年代后河床淤高，河道缩小，洪患增多。1993 年省三江治理标准江堤建设规划实施后，灵山江姜席堰下游段列入治理规划，修筑江堤、护岸 42.215 千米，工程投资 11949.33 万元。防洪能力达到 10 年一遇洪水标准以上，沐尘水库完成后，可达20年一遇洪水标准。

**（四）小流域整治**

县内小流域整治均结合水土保持进行。自1972年开始，先后完成塔石溪、模环溪、罗家溪、大街溪、社阳港、士元溪的治理，有效减轻了各溪流的洪涝灾害。另有庙下溪、芝溪的治理工作尚在进行中。

**（五）河道疏浚**

境内衢江主要淤积滩涂10处，总长7.6千米，平均淤积厚度1.7米，淤积量达752.08万立方米，占该河段总淤积量的63.95%。灵山江沐尘至驿前段主要淤积滩涂17处，总长16.2千米，平均淤积厚度1.2米至1.5米，淤积量达294.64万立方米，占该河段总淤积量的75.78%。其他溪流河道淤积长度共51.9千米，平均淤积厚度0.65米，总淤积量达287.06万立方米。从1993年以来，结合三江治理疏浚沿江部分滩涂，从衢江、灵山江中挖取砂砾石160余万立方米，用于修筑堤防。其次是整治河道乱采砂、乱弃渣现象，2001年4月在整治行动中，共清理弃渣点29个，平整弃渣27万立方米，乱弃渣现象得到有效遏制。再次是重点突破瓶颈地段，保证行洪流畅。共投入资金120余万元。

## 第五节　历史水旱灾害

境内常见的自然灾害，以水灾和旱灾为甚。公元1129至2007年的878年中，共发生水灾和旱灾178次，平均约4.88年发生一次。其中水灾92次，平均9.5年一次；旱灾86次，平均9.98年一次。旧时水旱灾害，给龙游人民带来无穷的苦难。1912年至2008年96

年中，共发生大小水灾 32 次，平均 3 年一次；发生旱灾 28 次，平均 3.39 年一次。有些年份出现了连续的水灾或旱灾，一般水旱年相间发生，水灾略多于旱灾。中华人民共和国成立后，全县人民花了大量的人力、物力、财力，改造自然，主要是同水旱灾害作斗争，但水旱灾害在局部地区仍屡有发生。

## 一、水灾情况

宋建炎三年（公元 1129 年）五月大水。

宋绍兴十四年（公元 1144 年）六月大水。瀔溪大石圆转。

宋乾道四年（公元 1168 年）八月大水奇重，败城三百丈，蘖牧、坏禾、漂民庐。

宋淳熙六年（公元 1179 年）八月大水、坏禾田、溺人。

宋庆元五年（公元 1199 年）秋大水，漂民庐，人多溺死。

宋庆元六年（公元 1200 年）六月大水五天，漂民庐，害稼。

宋嘉定元年（公元 1208 年）大水浸民庐，害稼。

宋嘉定三年（公元 1210 年）五月大水，溺死者众。

宋嘉定九年（公元 1216 年）五月大水，漂民庐，害稼。

宋嘉定十五年（公元 1222 年）八月，久雨暴流，泛田庐，害稼。

宋嘉熙四年（公元 1240 年）大水。

宋淳祐十二年（公元 1252 年）七月，大水冒城，死者以万计。

元大德元年（公元 1297 年）大水。

元泰定四年（公元 1327 年）八月大水。

元至顺元年（公元 1330 年）大水。

元至元六年（公元 1340 年）大水。

元至正四年（公元 1344 年）七月大水。

明洪武四年（公元 1371 年）八月大雨，漂民庐。

明洪武十年（公元 1377 年）大水甚，免田租。

明永乐十四年（公元 1416 年）八月大水，坏田庐。

明正统二年（公元 1437 年）大雨、雹。

明成化九年（公元 1473 年）大水冒城，舟可入市，坏民田庐。

明弘治三年（公元 1490 年）六月淫雨，溪水骤涨。

明弘治十二年（公元 1499 年）大水，坏民田庐。

明正德五年（公元 1510 年）七月大水。

明嘉靖八年（公元 1529 年）六月大水，九月雨雪。

明嘉靖九年（公元 1530 年）五月大雨雹。

明嘉靖十八年（公元 1539 年）五至八月雨，六月五日大水异常。闰七月免税粮有差。

明嘉靖四十年（公元 1561 年）六月大水。

明万历十年（公元 1582 年）八月大水，禾尽淹。

明万历十六年（公元 1588 年）四月淫雨。

明崇祯十五年（公元 1642 年）大水。

清康熙二年（公元 1663 年）大水。

清康熙四年（公元 1665 年）七月，大风飘瓦，雨雹交加，秋粮锐减。

清康熙二十年（公元 1681 年）五月大雨害稼。

清康熙二十五年（公元 1686 年）大水，田庐被没。

清康熙三十八年（公元 1699 年）大水，有旨蠲免被灾田亩钱粮。

清康熙四十二年（公元 1703 年）大水，有旨散赈、免钱粮。

清康熙五十五年（公元 1716 年）大水，有旨散赈、免钱粮。

清乾隆三十三年（公元 1768 年）大水，有旨散赈、免钱粮。

清乾隆三十八年（公元 1773 年）大水，有旨散赈、免钱粮。

清乾隆四十五年（公元 1780 年）大水，有旨散赈、免钱粮。

清乾隆五十三年（公元 1788 年）七月大水。大水进城五次，最大一次差与城齐尺许。

清嘉庆十七年（公元 1812 年）九月南乡大水，溺死者众，田庐漂没无算。

清嘉庆二十四年（公元 1819 年）五月内港大水。

清道光四年（公元 1824 年）八月大水。

清道光十三年（公元 1833 年）夏大水，凡涨大水九次。

清咸丰四年（公元 1854 年）五月南乡大水，八月又大水，山崩数处，滨溪田庐漂没殆尽，溺死者数百人。

清咸丰五年（公元 1855 年）五月大水，有旨蠲免应征银米两年。

清同治三年（公元 1864 年）六月大水，平地水深 3 尺，受灾面广。

清同治六年（公元 1867 年）六月大水，黄豆未获，漂失甚多，禾苗亦间被冲伤。

清同治七年（公元 1868 年）六月大水，被淹粮田占十分之三强，农作物歉收。

清同治八年（公元 1869 年）夏大水，继以风灾。

清同治九年（公元 1870 年）六月连日大雨，洪水陡涨，沿江田庐多被淹没。

清光绪八年（公元 1882 年）六月初连日大雨，城中县前街急流成河，房舍冲毁，粮田淹没，人畜溺死者不可胜计，为咸丰四年水灾后之最。

清光绪十二年（公元 1886 年）八月大水，被灾田亩钱粮缓征一年。

清光绪十七年（公元 1891 年）十月大水，东乡沿溪一带被灾颇甚。

清光绪二十七年（公元 1901 年）六月大水，涨三次，东西两乡受灾最甚。

清光绪二十八年（公元 1902 年）四月北乡塔石大雨雹，雹大如鸡卵，毁民居，麦菜无收。

清光绪三十年（公元 1904 年）七月山洪暴发，沿溪人畜漂没甚多。

清宣统二年（公元 1910 年）五月水灾。

民国元年（公元 1912 年）水灾，灾情殊深。

民国四年（公元 1915 年）春夏之交、阴雨连绵，洪水泛滥，沿衢江一带村落土地全被淹没，湖镇至洋埠、张峰坳等地更为严重。

民国十二年（公元 1923 年）6 月 29 日大雨，山洪暴发，江水入城，灵山江沿岸一片汪洋，村落尽成泽国，损失惨重。

民国十八年（公元 1929 年）6 月 18 至 20 日连降大雨，山洪暴发，江水溢城，北门平地水深六、七尺，大南门、小南门、小东门平地水深三四尺，城外一片汪洋，交通断绝。沿江一带田庐、牲畜、禾苗、器物漂没无数，居民流离失所，疮痍遍地。

民国二十二年（公元 1933 年）6 月大水。席家、罗家、后渠、吴家、官潭、社阳、楼下、大坪、青塘坞、状元、扶风、洪畈、彭塘、溪底杜、芰塘金等 18 个村山洪暴发，淹没田地甚多。

民国三十一年（公元 1942 年）6 月雨不止，大水涨七次。

民国三十四年（公元 1945 年）6 月连降大雨，山洪暴发，灾情严重。

民国三十六年（公元 1947 年）6 月大水，18877 亩农田受灾，

减产五成以上。

民国三十七年（公元 1948 年）大雨，山洪暴发，尤以县北陈大坞为最，房屋财产漂没。全县 2 万农田受灾，减产五成。

1950 年 7 月 8 日下午 1 时，大雨倾盆，历 2 小时，山洪暴发。沐尘、溪口两乡梯田冲毁 310 余亩。

1951 年 6、7 月间，发生两次洪水，衢江、灵山港水位到达危险线，溃决堤埂 10 余处，被淹没农田 0.8 万余亩。

1952 年 6 月 1 日发生洪水。全县被淹稻田 3.73 万亩，毁坏大小水利设施 324 处，冲走耕牛 1 头，淹死 3 人。中共龙游县委提出五条抗洪救灾措施，发动全县人民投入抗洪斗争，使 87% 的受灾粮田得到抢救。

同年 7 月塔石区受台风和洪水袭击，夏家乡（现为石佛乡）最为严重。三门源村山洪暴发，冲掉水坝 5 条，民房 75 间，6 人淹死。县人民政府组织力量抢救，并对受灾群众进行慰问和赈济。

1954 年 4 月多雨，5、6 月间有 49 日时晴时雨，降雨量达 1050 毫米。衢江水位上涨 10 次，最高水位达 45.665 米（超过危险线 0.48 米）。

1955 年 6 月 17 日至 6 月 21 日连续大雨，出现历史上罕见的特大洪水。17 日 20 时 11 分至 19 日 7 时 30 分，历时 35 小时 19 分，降雨 210.7 毫米；19 日 13 时 57 分至 21 日 13 时 57 分，历时 48 小时，降雨 153.4 毫米。衢江虎头山最高洪水位高程 46.83 米，超过危险水位 2.65 米，仅低于百年一遇洪水位 0.25 米；灵山港龙游镇最高洪水位约 46.685 米，洪峰流量约 2910 立方米 / 秒，超过百年一遇洪水。全县 98 个村受到洪水袭击。受灾农田 20 余万亩，其中 3 万亩颗粒无收，1 万亩毁成溪滩；淹倒房屋 3670 间，其中 920 户

1217间全遭水毁，片瓦无存。衢江堤岸全部坍塌，灵山港、社阳港等流域上的堤防、堰坝，几乎毁尽；浙赣铁路柳村附近路基冲坏20余米，全县受灾2万余户，其中3万人无家可归，因灾致死61人，伤45人。城内百货商店、供销合作社等五个企业单位，损失物资达7万元，粮库被淹12处，水湿粮食26万多斤，冲走粮食0.45万斤。此次洪水雨时紧、雨量大、来水猛，远非当时人力所能抗拒。

1961年6月9日至11日降雨211毫米，衢江水位接近危险线。

1967年3月29日晚8时许发生冰雹，伴随10级大风，雹径最大2.5厘米。风雹危及全县，塔石、雅村、泽随、模环、兰塘、詹家、虎头山、寺后、灵山等9个公社受害最重。5月中旬连日大雨，衢江水位超过20年一遇洪水，达45.68米。

1969年6月23日至7月5日，连降大雨和暴雨，总降雨量达398毫米，塔石、模环等地洪水之猛，为近数十年罕见。石佛公社八角塘大坝决口；下宅公社西垄口水库副坝冲溃一处；志棠公社清明塘里水库发生大坝滑坡塌方事故；模环等地受淹水稻6万多亩。

1971年入梅后，雨水特多，江河泛滥。6月2日，龙游镇小南门挑水巷口河堤被洪水冲溃一处，长约200米，威胁附近民房。当夜，镇委组织居民、干部投入抢险战斗，堵住缺口，镇东居民安全。

1975年8月13日灵山港流域发生20年一遇的洪水，步坑口洪峰流量约1430立方米 / 秒。上游溪口大桥桥面漫水70厘米；沐尘公社马戌口村下山后楼自然村民房倒塌120余间，30余户无家可归；下游灵山、官潭、寺后3公社堤防、堰坝大多被冲毁。

1984年6月20日下午4时至6时，社阳乡两小时降雨量达

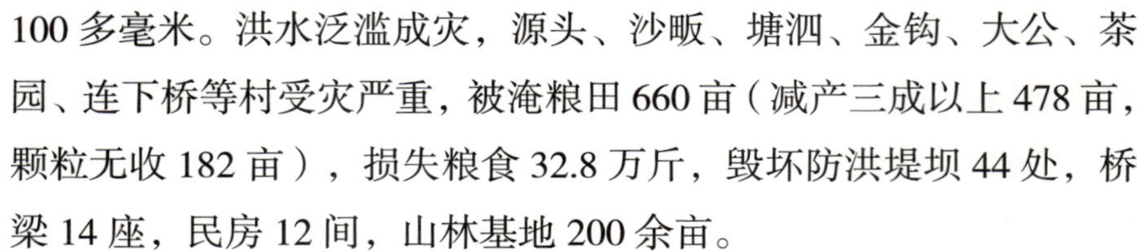

100 多毫米。洪水泛滥成灾，源头、沙畈、塘泗、金钩、大公、茶园、连下桥等村受灾严重，被淹粮田 660 亩（减产三成以上 478 亩，颗粒无收 182 亩），损失粮食 32.8 万斤，毁坏防洪堤坝 44 处，桥梁 14 座，民房 12 间，山林基地 200 余亩。

1987 年 6 月 19 日至 22 日，连降大雨，溪口山区降水量达 205.7 毫米，灵山港上游遂昌地段雨量更大。22 日下午 3 时半，灵山乡步坑口洪峰流量达 1090 米$^3$/秒，龙游镇约 1162 米$^3$/秒，沿江堤岸堰坝溃决甚多。

1988 年 3 月 14 日 20 时 15 分至 15 日 5 时许，接连下了三次冰雹，每次持续时间 3 分钟左右，冰雹大如鸡蛋，风力 8 ~ 10 级。石佛、雅村、塔三、下宅、志棠、横山、官潭、灵山、社阳等 9 个乡 32 个村遭受冰雹袭击。倒塌民房 126 间，通信设备破坏 26 处，1.1 万亩春花作物受害，桃李等水果减产千余吨。

1988 年 6 月 11 日至 22 日降雨 254 毫米，衢江、灵山港水位均升到危险线。全县受灾面积 6.6 万余亩。其中粮食减产 1 万余吨，秧田被冲，棉花损失严重。

1988 年 7 月 27 日 13 时 10 分至 16 时 15 分，连降两次暴雨，降雨量达 141.3 毫米。社阳、大街两乡山洪暴发，民房、农田、桥梁、道路、通信、水利设施受到严重破坏。

1989 年 6 月 30 日至 7 月 2 日，连续降雨 200 多毫米，其中 7 月 1 日降雨 114.4 毫米。7 月 2 日 8 时洪峰到达虎头山水文站，水位 44.44 米，超过警戒水位 1.75 米。沿江两岸的詹家、龙游、团石、湖镇、七都、士元、社阳、罗家等乡镇受灾严重，湖镇鼎新洲成一片汪洋，后陈、前陈、上童、下童等村庄水深都达 3 ~ 4 米。洲上 800 多老幼被转移到湖镇中学，泥墙房屋全部倒塌，光鼎新洲倒塌房屋就达1200余间。张家埠洲朱家防洪坝被冲垮200米，一股洪流往洲中穿过，将该洲一分为二。两洲道路防洪堤坝多处被毁，电杆倒塌，供电、通信、交通中断，学校停课达10天之久。七都村街道全面进水，乡政府办公楼一楼地面积水60多厘米。湖镇集镇街道全线进水，最深处超过1米，商店门口运来粮站麻袋装谷物筑成临时挡水墙。兰贺公路湖镇至上范段积水严重，其中河曲桥段水深达1.5米以上，浙赣铁路行车中断30小时。全县直接经济损失达18360万元。

1992年7月3日至5日，衢江流域普降大暴雨，48个小时虎头山雨量站降雨244.9毫米，其中7月3日一天降雨153.4毫米，4日22时正衢江龙游虎头山站洪峰水位45.11米，超过警戒水位2.49米，超过危急水位0.99米，是自1972年以来的最高洪水位。衢江、灵山港沿岸乡镇受灾严重，龙游县城主要街道均积水，城郊姜家村水深达2～3米，35名武警官兵在奉命抢险中有6名战士献身。城郊1200余亩菜地受淹，12家工矿企业停产，交通、供电、通信线路中断，光城区受灾人口就达2.88万人。沿江两岸的灵山、官潭、寺后、上圩头、詹家、七都、湖镇、士元等乡镇不少村庄受淹，良田冲毁，防洪堤坝毁损殆尽。社阳水库溢洪道两侧重力式挡水墙被冲垮。湖镇鼎新洲1200多名老幼被转移。张峰堋被冲开缺口，邵家村房屋几乎全部被毁，邵家、叶家400多老幼被转移到湖镇丝绸厂新厂房中栖身。全县18万人不同程度遭灾，其中死亡10人，直接经济损失达23050万元。

1993年6月17日至19日，降雨208.97毫米，其中18日一天降雨172.9毫米，雨量之大为近年少见。6月19日衢江虎头山站水位达到44.51米，超过警戒水位1.83米。由于89、92两年灾害，

元气尚未恢复，沿江基本不设防，受冲面积进一步扩大，大片农田变成河滩，死亡 3 人，全县造成直接经济损失 21600 万元。

1994 年 6 月 8 日至 16 日连续 9 天阴雨连绵，境内降雨达 503.4 毫米，其中 10 日 120.6 毫米，12 日 121 毫米，16 日 108 毫米。衢江虎头山站、灵山港步坑口站水位分别上升至 44.32 米和 93.45 米，分别超过警戒水位 1.60 米和 2.66 米。由于堤防尚未修复，洪水长驱直入，受灾严重，全县直接经济损失 13800 万元。

1995 年 6 月 21 日至 26 日，连日降雨，且上游雨量较大。24 日衢江水位达 44.51 米，超过警戒水位 1.83 米，直接经济损失达 1.31 亿元。由于“三江”治理工程开始实施，衢江、灵山港重要地段，如寺后片、欧塘樟杨片、七都片、张峰塴片等防洪堤坝开始修筑，灾情有所缓解。

1997 年 7 月 6 日至 11 日连续降雨 6 天，达 321.5 毫米，灵山港流域雨量更大。衢江、灵山港洪峰水位分别达到 44.91 米和 94.12 米，超过警戒水位 2.23 米和 3.01 米。灵山港沿岸溪口镇的扁石、桥头、大垅，灵山乡的下徐、寺下、步坑口、石埆，官潭乡的渡贤头、官潭、洪呈、徐呈等村受灾严重，特别是官潭乡通往村中的公路被毁，电杆倒塌，河岸边双人合抱有余的古树被连根拔起，交通、供电、通信中断，稻田变成溪滩，死亡 4 人，全县直接经济损失达 15900 余万元。

1998 年 6 月是个阴雨连绵的降雨月，从 6 月 7 日开始一直持续到 29 日止，22 天中天天有雨，少时下 1 ~ 2 毫米，多时下 80 ~ 90 毫米。6 月 19 日衢江虎头山站洪峰水位达 44.51 米，超过警戒水位 1.83 米。沿江部分村庄进水，如詹家后厅、七都青田铺等地农田受淹严重，加上连续阴雨对农作物生长造成较大影响，全县直接经济损失达 7420 万元。

2000 年 6 月 22 日、23 日两天境内普降暴雨，衢江、灵山港水位升高至 44.30 米和 93.29 米，全县直接经济损失达 1785 万元。

2008 年 4 月 8 日境内又受冰雹灾害，春花作物大面积受灾，造成直接经济损失 1.2 亿元。同年 6 月 7 日至 11 日，境内平均降雨量达 138.67 毫米。6 月 13 日晚 10：00 左右塔石镇舒村山背发生山体滑坡，滑坡量约 1000 立方米，阻断了塔石至泽随的乡村公路。洪水及地质等灾害给全县造成直接经济损失 5779 万元。

## 二、旱灾情况

宋淳熙八年（公元 1181 年）八至十二月干旱，次年大饥荒。

宋淳熙十四年（公元 1187 年）六月干旱至十月初始雨，晚秋作物无收。

宋开禧元年（公元 1205 年）六月始，大旱百日。

宋嘉定八年（公元 1215 年）六月旱，苗种不入，至九月乃雨，是年饥。

宋嘉定十四年（公元 1221 年）旱甚，螽螣为灾，粮食所收无几。

元至元二年（公元 1336 年）旱。

元至正十三年（公元 1353 年）八至十月大旱。

明成化元年（公元 1465 年）大旱，饥。

明弘治十一年（公元 1498 年）大旱，作物歉收。

明正德三年（公元 1508 年）六月至八月不雨，禾苗俱被旱伤。

明正德八年（公元 1513 年）正月地震，是年大旱。

明嘉靖三年（公元 1524 年）大旱，饥。

明嘉靖五年（公元 1526 年）大旱，蝗虫蔽天。

明嘉靖九年（公元 1530 年）八月旱，大饥。

明嘉靖二十三年（公元 1544 年）五至八月不雨，人饥。

明嘉靖三十九年（公元 1560 年）夏六月至秋八月始雨。

明嘉靖四十二年（公元 1563 年）六月至八月不雨，禾尽枯。

明隆庆二年（公元 1568 年）七月旱。

明万历元年（公元 1573 年）秋旱。

明万历三年（公元 1575 年）六月至八月四十日不雨。

明万历十六年（公元 1588 年）五月大旱，疫。

明万历三十六年至三十七年（公元 1608—1609 年）两年连旱，民无食，多饥死。

明万历四十二年（公元 1614 年）大旱。

明天启元年（公元 1621 年）七月大旱。

明崇祯九年（公元 1636 年）大旱。

清顺治元年（公元 1644 年）大旱。

清顺治三年（公元 1646 年）六月大旱，次年复旱。

清顺治六年、八年、十二年（公元 1649 年、1651 年、1655 年）均大旱。

清康熙五年（公元 1666 年）大旱。

清康熙十年（公元 1671 年）六月至八月不雨，溪水尽枯。

清康熙十七年至十八年（公元 1678—1679 年）连旱两年，人民缺食。

清康熙二十年（公元 1681 年）夏旱连秋旱，四个月不雨。

清康熙三十五年至三十六年（公元 1696—1697 年）连年大旱。

清康熙四十二年（公元 1703 年）旱，次年又旱。

清康熙四十六年（公元 1707 年）旱。

清康熙五十三年（公元1714年）大旱，有旨蠲免被灾田亩钱粮。

清康熙五十八年（公元1719年）七月大旱，有旨散赈并蠲免被灾田亩钱粮。

清康熙六十年（公元1721年）旱。

清乾隆十六年（公元1751年）大旱，饥。

清乾隆四十三年（公元1778年）大旱。

清嘉庆七年（公元1802年）旱，饥。

清嘉庆十九年（公元1814年）旱。

清嘉庆二十一年（公元1816年）旱，荒。

清嘉庆二十五年（公元1820年）旱，荒。

清道光十五年（公元1835年）大旱，自四月初至九月尽，凡180日不雨，溪井俱涸，人民相率逃荒。

清道光二十六年（公元1846年）大旱，有诏蠲缓钱粮。

清同治三年（公元1864年）七至八月不雨，被灾地域广，尽无收获。

清同治十三年（公元1874年）五月大旱，歉收十分之二。

清光绪十五年（公元1889年）四月旱。

清光绪十九年（公元1893年）旱。

民国三年（公元1914年）大旱。

民国十三年（公元1924年）六月大旱。

民国十九年（公元1930年）五月旱。

民国二十三年（公元1934年）夏至至处暑75天不雨，旱灾奇重。

民国二十九年（公元1940年）春夏少雨，干旱成灾，全县减产百分之十五。

民国三十三年（公元1944年）五月开始，大旱58天，受灾

面积二十三万余亩。

民国三十四年（公元1945年）入夏后无雨，早稻枯萎殆尽，秋间更旱魃为虐，农作物悉被晒死，饿殍载道。

民国三十六年（公元1947年）入夏后久旱不雨，田禾枯萎，虫害滋生，受害面积23.6万亩。

1951年5月中旬至6月中旬大旱，全县2万多亩农田不能及时插下秧苗；8月至9月上旬又无雨，全县受旱面积2.82万亩，山垄田受灾更为严重。

1953年6月26日至8月17日，53天不雨，受旱面积15.6万亩，占水稻总面积的40%。县委成立抗旱指挥部，机关干部150人（包括地专机关34人）下乡组织群众抗旱，使大部分受灾农田得到及时抢救。

1955年7月上旬旱情露头，8月旱情发展。塔石、模环、官潭、湖镇等区受旱严重，有24个乡158个自然村缺水，10余万亩稻田受旱。

1956年6月30日至8月18日，50天只降雨15.5毫米。全县10万亩水田受旱，3万余亩晒白。

1957年7月伏旱，22个乡镇15万亩稻田断水群众夜以继日地抗旱保苗。

1961年6月13日至8月下旬，70余天少雨，北部丘陵地带和衢江两岸旱情严重。箬塘、团石两乡在周公畈水库临时安装37台抽水机抗旱，2000多亩受旱稻田得到灌溉。

1963年春旱连夏旱，加上1962年冬旱，旱期长达150天。是年，全年降水量仅1072.7毫米，为正常年份降水量的66.6%。

1964年10月24日至次年2月4日，冬旱接春旱104天。

1967 年秋旱，8、9、10 三个月只降水 23.7 毫米，塔石、模环两区受旱严重。蜡烛台电灌站连续开机 104 个昼夜，灌溉农田 2.8 万亩。省人民政府派飞机于 11 月 2 日、11 月 11 日两场三架次作人工降雨。塔石降雨 20 毫米，龙游降雨 10.3 毫米，溪口降雨 15 毫米，湖镇降雨 8.7 毫米，旱情缓解。

1971 年 6 月 24 日雨止后，晴热少雨，7 月份降雨仅 1 毫米，全县各地旱象顿生。模环、兰塘、塔石、泽随、石佛、龙游、寺后、詹家、上圩头等 20 余个公社投入抗旱。

1976 年 7 月 23 日至 10 月 31 日，连续干旱 101 天，其间有过数次小雨，但雨量均不足 10 毫米，多数塘库干涸，溪水断流，衢江虎头山水位降到 37.66 米，枯水流量不到 0.2 米 $^3$/ 秒。人民生活用水发生困难，粮食减产。

1978 年 7 至 12 月，降雨量 271.8 毫米。只占历年同期平均降雨量的 51%。秋旱严重，北乡尤为突出，模环区的志棠、下宅、兰塘、横山等公社双季稻缺水，面积锐减。横山公社白鹤桥大队因干旱导致秋粮减产 7 万余斤。

1979 年旱，全年降水 1011.1 毫米，只有正常年份降水量的 62.8%。是近 70 年来降雨量最少的一年。

1986 年夏旱连秋旱 100 余天。全县 31 个乡受旱，9 万多亩水稻田晒白，其中 2 万多亩无收。

1999 年 9 月至 12 月降雨仅有 76 毫米，与常年相比明显偏少，出现了秋旱连冬旱的情况，全县 2.2 万亩农作物缺水，造成直接经济损失 50 万元。

2000 年 7 至 8 月雨量偏少，旱情持续 60 天。8 月 8 日灵山步坑口水文站水位降到 88.54 米，水深只有 87.8 厘米。龙南山区和

中北部非“乌引”、铜山源灌区3万余亩粮食作物受旱，直接经济损失58万元。

2003年7月份开始雨量偏少，旱情持续40余天。龙南山区与非“乌引”、铜山源灌区2万余亩粮食作物受灾，柑橘等经济作物受害严重。全县造成直接经济损失达5000万元。

2005年梅季不霉，6月份降雨不到正常年景的一半，7、8、9三个月降雨125毫米，是多年平均降雨量的38.6%。境内衢江水位降到38.25米，灵山港基本断流。龙南山区，非“乌引”、铜山源灌区受旱严重，粮食作物受灾达13万亩，7.6万亩经济作物受旱。

2006年全年降雨偏少，尤其入秋后更甚，8月份降雨只有27毫米，是1986年以来最少的一年。10月份降雨只有8.8毫米，境内非乌引、铜山源灌区受灾严重，其中粮食作物受旱面积达13.6万亩。

2008年1月境内普降大雪和冻雨，龙南山区毛竹被压严重，柑橘、桃李等果树受冻，枝条被压垮，全县造成直接经济损失4700余万元。

# 第二章 工程创建及演变

姜席堰是灵山港堰坝体系中保留最完整、最具有代表性的灌溉工程。寺后大畈到处阡陌纵横，田水相间。唯常遭洪旱之殃、农田有歉收之患。为避免农业受损失，确保民生之燕飨之乐，各级领导必亲临村舍、农田、山川实地进行调查访问，共谋治水之策，兴利除涝除旱。在江河之上筑堰导水引流灌溉农田，其工程之浩巨，难度之艰辛，可想而知。施工中处置江河洪水的侵袭干扰之难，更是不言而喻。文献记载于元至顺年间筑姜席堰，至今已有 689 年历史。遗产充分利用地形，以河道中的江心洲为纽带，上连姜堰、下接席堰，开引水口，组成了有坝引水枢纽。目前，基本保持初建时的形制，灌溉面积 3.5 万亩，是山溪性河流引水灌溉工程的典范。

## 第一节 渠首枢纽

姜席堰位于灵山江（旧名灵山港、灵溪）下游河段大堰潭就近处，江源于境外遂昌县高坪乡和尚岭，流至龙游县沐尘乡马戍口村入境，于龙洲街道驿前村汇入衢江。主流长 90.6 千米，流域面积 726.9 平方千米；江源至姜席堰河长 74.3 千米，流域面积为 697 平方千米；境内马戍口至姜席堰流长 39.25 千米，流域面积 337.7 平方千米。姜席堰源头高程为 1265 米，现主堰顶高程为

63.10 米，河道坡降为 16.17‰。流域区森林植被好，森林覆盖率高，属亚热带竹林区和常绿阔叶林区，以竹林为主。近 20 年来，因山区经济发展，人民生活改善，砍伐林木稀少，盛行封山育林，大量种植竹木。姜席堰以上至官潭 4 千米两岸集水区，层层叠叠的山上全是茂林修竹，绿化青翠，水源涵蓄丰满，水土流失少。据步坑口水文站 1959 年以来的统计，境内流域区年平均降雨量为 1730.4 毫米，多年平均径流深 1037.3 毫米，径流量为 20.8 米$^3$/秒，至姜席堰年平均总量为 5.78 亿立方米。

## 一、渠首创建

由渠首枢纽、灌排渠系和控制工程组成。渠首引水工程为调控引水入渠的启闭闸门，姜席堰早期的渠首引水工程与渠系不断发展变化，至今，这些设施得到逐渐完善规范。渠首引水工程主要是姜堰、席堰、引水渠、沙洲、进水闸、冲沙闸和引水堰洞，见图 2-1。

图 2-1 渠首布置图（县林业水利局供图）

### （一）姜堰

又称上堰。始建年代无考。位于上游，东西走向横筑于灵山江面，堰长100米，堰宽32米，堰顶高程63.2米，水位落差约3.5米，用大块砾石、鹅卵石砌筑，间用三合土夯筑。姜堰堰体深入河床部分有青石板连成石壁，紧贴迎水面，起防渗作用，背水坡坡脚设有大块砾石干砌而成的坦水。堰体用块石垒砌，间用大块砾石、鹅卵石、三合土（黄泥、沙、石灰加豆浆）黏结。整个堰体内利用松树为主材，用传统古建筑榫卯工艺制成了足够支撑堰坝的“牛栏仓”框架，相当于当今建筑的钢筋箍填充混凝土，中间再层叠大块砾石互相钉咬，砌石的缝隙中再填充三合土，这种工艺技术极大地增加牢度，延长了工程的寿命。堰体为大砾石干砌滚水堰，低水位时截流壅水，中水位时淌水过堰溢流。历史上灵山港是重要的通航河道，为了便于航运和泄洪，不同时期在堰体中段或北段等不同位置开设筏道、堰口，利于舟筏通行和低水位时开堰、封堰。洪涝来时开闸作为泄洪口可用于排洪，平时常用于调节水位。为了确保农田灌溉用水，供水期来时，县政府就张榜公告封堰，以保障引水；有紧急的、重要的航运需要通筏则要审批，在满足灌溉用水前提下，适时通筏，并收取相应的管理费；农闲时期则打开通航。上游来的江水被姜堰拦截后，流向东面引水渠，引水渠为北面蛇山与南面沙洲相夹自然形成的弯弓引水道。蛇山岩体开凿有一引水堰洞，贯穿山体从蛇山北侧出，该引水岩洞在元至顺四年（公元1333年）启用，明崇祯十三年（公元1640年）开凿新的进水口后，堰洞从此废弃。1987年2月，全县公布县文物保护单位的文物调查汇总时，在原堰上靠北侧设有专门的筏道、堰口，位置设在姜堰坝北端距沙洲5米处，长约5.5米，离堰砾平

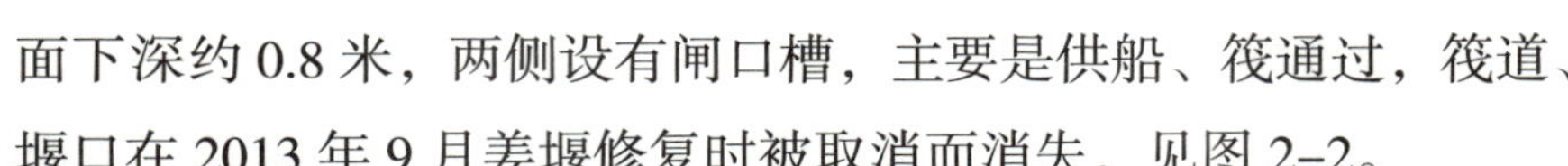
面下深约 0.8 米，两侧设有闸口槽，主要是供船、筏通过，筏道、堰口在 2013 年 9 月姜堰修复时被取消而消失，见图 2–2。

**图 2–2　姜堰平面图**（县林业水利局供图）

### （二）席堰

又称下堰。据现有文献记载，始建于元至顺年间。位于姜堰下游直线约 360 米，呈弯弓形，与水流方向呈切向，堰长 50 米，堰底宽 30 米，堰顶高程 63.1 米，水位落差约 3.5 米。筑堰材料从原生环境就地取材，以河卵石、砾石、黏土、沙和松木为主。其横断面结构由迎水坡、堰腹、背水坡、挑流坦水等组成。迎水坡、背水坡砌筑选用单块重量均 100 千克以上的长型河卵石做边框，其中间采用大块砾石、卵石干砌，三合土捣实防渗，层层叠压，垂直于堰坡竖埋，砌筑稳紧密实，整体坚固，并起到摩擦消力作用；砌石间的孔隙呈三角形，确保砌石受水冲击力的均衡传递。堰腹采用大小不一的大砾石、河卵石大小头锥形相间层叠填筑。传统筑堰方法，先在整个堰体下方做成支撑堰坝的“牛栏仓”框架，从裸露的情况看，以常年松树及少量古柳杉为材料，由榫头、榫眼的榫卯结构连接成，用作堰坝框架结构，千年不腐；再将选定堆砌堰坝的大块砾石，第一层“小头朝上”，第二层“小头朝下”，形成楔子钉咬状，这样循环层叠，既稳固了堰体，又能起到消力作用；砌石间的隙孔只允许是三角形，确保砌石受水冲击力的均衡传递。所用三合土材料与卵石咬合紧密，形同于混凝土浆砌，结构稳定。席村堰历经数百年，经历多次洪水冲击考验，其间虽多次修复，但堰址基础及堰身骨架仍无重大损坏，堪称奇迹，验证了当年筑堰技艺的不凡。虽然经过不少于 60 次大大小小的修复，但原貌依旧，由大块鹅卵石和砾石堆砌的堰体，显露的石面长满了青苔。经过年复一年的流水冲刷，部分沉积岩石质的砌石表面已有被水冲磨光滑的痕迹，从中可见水的力量。漫过堰坝的江水冲击砌石，形成鱼鳞般的小浪花，哗哗作响。所有这些，都体现了先人高超的水工设计和精湛的营造水平，深深感受到古人的智慧和创造，见图 2–3。

**图 2–3 席堰平面图**（县林业水利局供图）

### （三）引水渠

位于姜堰的西侧，为蛇山与沙洲相夹自然形成，宽 25 米，长约 500 米，自姜堰顺水而下，又经过历朝历代加工和整理而成。因蛇山形势而利导，且不断改造，形成了弯弓形水道，顺流而下，一股水越溢洪道走，另一股顺水而流，到冲沙闸，或进水闸进入总干渠或东干渠。上联姜堰，尾接席堰。南面是江心沙洲，北面是蛇山，见图 2–4。

图 2-4 引水道（县林业水利局供图）

### （四）沙洲

位置为洪呈村大堰潭河段，河宽 200 余米，河岸北靠马溪畈山脚，南靠大堰潭田坎堤坝，河道中间偏北顺河道流向，有一处自然形成的形似腰子状的沙洲，河水流经滩地被滩地嘴口分流成南北两支水流，南支流河床低，形成主河道；北支流河床略高于主河道，河面较狭，形成支流。支流右岸沿沙洲边岸线约 420 米的下游尾端，又跌水至主河道，汇合成一条主流。龙游先民在不断的劳动实践中，利用聪明才智，在此利用沙洲地势，因势利导将堰分成二段来筑，即在大堰潭主流口北端利用沙石滩上缘分水口处，作堰端连接的终点（也称翼墙、导墙），南端以田塍为堰岸，由南往北截流筑成一座南北向、与主河道上游相钝角的拦水堰，即姜堰，用它挡水提高水位；导入北边支流内，利用沙洲北岸的沙滩边岸线作为引水渠堤，从堤岸线东末端连接下游原出水口段，再建一座拦水堰至蛇头岩，即席堰。用进水闸引水到灌渠，灌溉下游大片农田。由于江水冲刷，砂石减速，淤积生成，四面环水，面积 70 余亩。沙洲南面是灵山江主河道，姜堰连接沙洲和灵山江南岸，沙洲北面是次河道，也是引水渠，姜堰建在沙洲和引水渠首端，席堰就建在沙洲尾端。沙洲东西直径长 450 米，南北直径宽 150 米，高程 63.3 ~ 64.4 米，将位于 S 形河湾凹岸的河流支叉疏浚后用作引水渠，把席堰兼作溢流堰，起到“引水不引洪、水害变水利”的效果。沙洲作为联结点，上联姜堰，尾接席堰，形成一条长 600 米的角尺状拦水坝。清康熙县志有载，姜席公户，滩地五十七亩零三厘七毫五丝。沙洲绿树成荫、竹林葱郁、空气清新、远离尘嚣，是难得的尚未开发的净土。沙洲对固堰作用十分明显，历任知县、县长都重视中心洲的保护，知县高英保护姜席二堰堤防告示云：“所有堰口一带沙滩，系为保护堰坝，与他处荒地不同。其不能任其开垦，以致沙土松浮，堰工不能坚固。”当地村民也从未开垦，一直保护至今。洲上的植物以毛竹、香樟树等为主，加上河面上变成的数十亩面积的积水潭，形成山水交融的绿岛小气候，是野生动物理想的栖息地。洲上有野兔、松鼠等动物及白鹭、猫头鹰等鸟类，常年鸟语花香，见图 2–5。

**图 2–5　江心沙洲**（县林业水利局供图）

**（五）冲沙闸**

位于席堰左岸的尾部为泄洪闸，又叫冲沙闸。现存的冲沙闸为 1986 年修建，安装铸铁启闭机二台，机台高 3.3 米，长 7.0 米，宽 2.0 米，孔宽 2.3 米，功能是泄洪和排沙，防止进水口淤积。其中冲沙闸需要有责任心的堰伕好好管理，什么时候开、封冲沙闸，

图 2-6 冲沙闸（县林业水利局供图）

图 2-7 进水闸（县林业水利局供图）

要时刻注意观察，把损失减少到最低限度，见图 2-6。

**（六）进水闸**

共有 2 处，一处位于姜堰上游右岸，引水灌溉至右岸的东华街道之官村、方旦、上杨、下杨等村；另外一处位于席堰的左坝头，共设 4 道进水闸门，进水闸下游 5 米即为灌溉渠，分别引水入总干渠及东干渠，引水灌溉至左岸的山头外、后田铺等村，灌溉下游龙洲街道、詹家镇良田万顷以及龙游县城生活、生态用水，见图 2-7。

**（七）引水堰洞渠遗址**

引水堰洞渠遗址原引水导灌到总干渠与东干渠，位于席堰对岸蛇山脚下，为姜席堰建堰初期人工开凿。堰洞渠是元、明时期的引水限流设施，江水通过堰洞渠入渠，方向与溪水流向几乎垂直，可有效地控制洪水冲入水渠，起到引水不引洪的作用。从大马井潭穿过蛇山颈部的堰洞渠，是一条长 50 米、底宽 1.5 ~ 2.5 米、高 16.4 ~ 3.5 米的引水堰洞渠，根据山体地质，堰洞渠分三段不同结构洞型修建，由于当时没有精确的定位仪器，洞壁有错位痕迹。

堰洞渠进口大马井潭，是一个高 5 米、宽 10 米的张口石岩洞渠。据载，明崇祯十三年（公元 1640 年），因“溪低而堰颈高，水阻不能下”，知县黄大鹏开凿新的进水口，堰洞渠从此废弃。天长日久，泥土、块石堆积堰洞渠三四米高。1991 年修建乌溪江引水工程，劈山开挖乌引渠道，经过堰洞渠上面蛇山脊背，未料脊背岩层单薄，“乌引”试通水时发现渠底有漏洞渗水，为保证渠道安全，渠底浇筑了钢筋混凝土底板，并堵塞了部分堰洞渠，现只留下部分堰洞渠遗迹，见图 2-8。

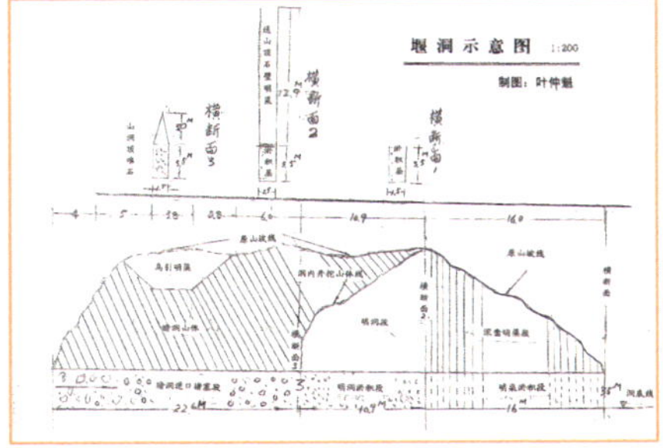


**图 2-8　堰洞遗迹（含进口、断面图）**（县林业水利局供图）

## 二、渠首演变及维修

姜村堰始筑年代无可考；席村堰于元至顺年间（公元 1330—1333 年），达鲁花赤察儿可马任上兴筑，时灌田二万余亩。明嘉靖四年（公元 1525 年）为洪水冲毁，推官郑道修筑马胫八十丈用以缓解水势，又建筑砾坝一百五十丈加固大坝基础。嘉靖二十二年（公元 1543 年）洪水泛涨，堤防冲决，堰体马胫毁坏无存。嘉靖二十四年（公元 1545 年），知县钱仕到任，在堰长余昂等六十人的诉求下，筹款筹劳历时一年重修姜席二堰，建石砾一百五十丈，同时疏通堰渠支流，恢复了姜席堰的灌溉作用。隆庆五年（公元 1571 年）、万历年间（公元 1573—1576 年），知县涂杰又两次重修姜席堰，制定形成了稳定的岁修制度，并于每年六月初一固定封堰，从这开始，每年堰长督率大甲长、小甲长，定期修筑堰坝成为制度。崇祯十三年（公元 1640 年），知县黄大鹏重视水利，关心民情，每逢六月初一封堰，必定亲临现场视察。因“溪低而堰颈高，水阻不能下”“惟有废去旧口，别开一窦，庶可引入堰腹”，于是计划改变工程的布局，把历史上席堰下移了 30 米到现在的位置，并在现有进水闸的位置开凿新的进水口，废弃了使用了 300 多年的堰洞。清康熙十九年（公元 1680 年），洪水为灾，姜席二堰堵塞，堰口也被损坏，知县卢灿修浚河道，恢复灌溉。康熙二十五年（公元 1686 年），姜席堰又被洪水冲毁。民国三十四年（公元 1945 年）11 月 26 日，县长刘能超指令以三十四年度《义务劳动实施法》条款，配合疏浚姜席堰。民国三十六年（公元 1947 年）6 月 14 日，县长周俊甫指令堰长胡东柱对后田铺至山头岩堰水毁工程从速抢修。民国三十七年（公元 1948 年）2 月 14 日，官村乡第二届乡民代表大会主席董淡泉呈文，要求姜席堰管委会从速抢修姜席堰松毛墩段堤坝，28 日，县长指令姜席堰管委会抢修毛墩段堤坝；3 月 4 日，姜席堰管委会主任张绅向县政府呈报“抢修堰口以防洪水冲坍堰身，治标工程需稻谷八千市斤”，11 日，借垫积谷 80 担呈请省政府核示，同日，县长周俊甫行文报告省政府沈主席，借 36 年积谷修姜席堰坍塌堰口护堤；4 月 1 日，省政府主席沈鸿烈指令同意借积谷修堰，饬令“快速抢修”，6 日，姜席堰管委会呈报县政府，要求四乡镇每乡镇装灌篾笼 30 只，人工 80 工，请求转办，14 日，县政府指令“利用劳动服役抢修护堤”。民国三十七年（公元 1948 年）末，姜席堰管委会组织修筑堰沟水闸工程，抢修护堤。1955 年 6 月灵山港发生百年一遇洪水，冲毁姜席堰防护堤坝及渠首进水闸工程，是年 10 月兴建进水闸一座及修复防洪堤一条。1961 年春至 1962 年冬，姜席堰全面修建，堰面浇水泥混凝土加高，堰脚砌石加宽 3 米，渠首进水闸改用铸铁启闭闸门 4 台，投资 1 万元。此后历年有维修，但面貌未改。1971 年冬重修上堰坝，用块石 1000 余立方米，水泥 8 吨，投劳 750 工。1980 年，衢州市兴建乌溪江引水工程，从姜席堰旁横跨灵山江。施工中，虑及姜席堰的水量，在乌引干渠上建分水闸及水电站，以补充姜席堰的灌溉水源。1982 年修理筏道耗资 0.9 万元。1986 年，席堰东端增建排洪冲砂双孔闸一座。2011 年“6·16”“6·19”连续两场洪水，对两堰造成了严重的损毁，堰面护坡、护脚已是千疮百孔，堰脚悬空，又经两年的高危运行，堰面块石松动移位，堰体腹腔块石裸露。2013 年，龙游县拆除姜堰损毁破部分堰体，用混凝土灌砌块石堰体，上设防冲齿墙，末端增设抛石护脚，堰面用混凝土灌砌块石，对局部残损部分用原状干砌块石回补复位，堰脚破损处按原状干砌块石回补砌筑。首期姜堰工程于 2013 年 9 月底完工，席堰于 2014 年 5 月完工，当年，姜堰右坝头增设进水闸一座，并新建管道或明渠与庆丰堰灌溉渠道连接，引水至灌区官村等右岸农田，提高自流灌溉能力。2018 年 5 月，姜席堰通过世界灌溉工程遗产申报初选；8 月 14 日，姜席堰成功入选世界灌溉工程遗产名录。2019 年 7 月 9 日，受灵山港流域特大暴雨影响，姜席堰江心沙洲溢洪道被冲毁，堰引水灌溉功能尽失，生态环境严重受损。同年 12 月，工程总投资约 800 万元，修复后江心沙洲缺口回填固土、江心沙洲四周、溢洪道两侧护岸重新修砌。修缮后的工程改变了原状。2020 年，为提高江心沙洲抗冲刷能力，财

政投入资金 430 万元，在原址上游地段恢复重建了位于席堰下游约 400 米处的石面潭古堰。这座古堰历史上有记载，主要作用是抬高姜席堰下游河道水位高程，降低水位落差，减缓水流流速，防止江心沙洲冲刷破坏。

## 第二节 渠系工程

灌溉渠系有总干渠和东、中、西、官村 4 条干渠，总长 18.8 千米。干渠分设有 15 条支渠，总长度 30.87 千米。目前渠系上有控制闸 24 座，包括分水闸 1 座和节制闸、排涝闸 23 座，无闸控制子堰 19 方，水碓 2 座，筒车 1 座，主要灌溉范围包括龙洲街道、东华街道和詹家镇所辖的 21 个行政村，目前灌区面积为 3.5 万亩，见图 2–9。

**图 2–9 灌区实拍图**（县林业水利局供图）

### 一、渠系创建

#### （一）控制工程

主要包括灌区子堰和灌区渠道上分布的水闸。

1. 子堰

灌区由于地处平原和丘陵，地形复杂，局部位置需通过修建子堰抬高水位，调节引水灌溉流量，增加灌溉的面积。文献记载17世纪姜席堰灌区共有子堰72座，无闸控制子堰19方。根据回忆大约有下列子堰，这些子堰目前大部分已改造成有闸控制，部分子堰保留传统形态，见图2–10，见表2–1。

图2–10 子堰遗存（县林业水利局供图）

表2–1 姜席堰子堰一览表

| 所在干渠 | 子堰名 | 所在自然村 | 堰宽（米） | 灌田（亩） | 备注 |
|---|---|---|---|---|---|
| 总干渠 | 总干渠堰 | 山头外、山头里 | 6 | 1148 | 有闸门 |
| 东干渠 | 东干渠堰 | 溪滩、松毛堆、后田铺、五石田头 | 4 | | 有闸门 |
| 东干渠 | 上堆子堰 | 上堆、邱家 | 2 | | 有闸门 |
| 东干渠 | 溪滩子堰 | 松毛堆 | 1 | | 无闸门 |
| 西干渠 | 西田山堰 | 后田铺里 | 3 | | 有闸门 |
| 总干渠 | 上高桥堰 | 曹家村卢家 | 4 | 200 | 无闸门 |
| 总干渠 | 卢家西堰 | 曹家村卢家 | 4 | 200 | 无闸门 |
| 总干渠 | 叶家前堰 | 曹家村曹家 | 4 | 100 | 无闸门 |
| 总干渠 | 叶家后堰 | 曹家村曹家 | 3 | 100 | 无闸门 |
| 堰支渠 | 西圳坑堰 | 曹家村曹家 | 3 | 100 | 无闸门 |
| 高陇畈 | 青碓堰 | 大板桥范围内 | 4 | 80 | 有二闸门 |

续表

| 所在干渠 | 子堰名 | 所在自然村 | 堰宽（米） | 灌田（亩） | 备注 |
| --- | --- | --- | --- | --- | --- |
| 绕山渠道 | 后山头堰 | 项庄村后山头 | 4 | 320 | 有二闸门 |
| 绕山渠道 | 沙堆堰 | 项庄村沙堆 | 4 | 150 | 有二闸门 |
| 高陇畈 | 张家堰 | 大板桥范围 | 4 | 200 | 有二闸门 |
| 堰支渠 | 姜平堰 | 寺后村 | 4 | 2800 | 无闸门 |
| 中干渠 | 岩底堰 | 田畈桥东、桥中 | 4 | 650 | 有闸门 |
| 西干渠 | 岩底堰 | 桥西、宫山底 | 4 | 200 | 无闸门 |
| 西干渠 | 绕山堰 | 半爿月村 | 4 | 1500 | 有闸门 |
| 总干渠 | 堰 1 | 兰石村 | 2 | 70 | 有闸门 |
| 总干渠 | 堰 2 | 兰石村 | 2 | 60 | 无闸门 |
| 总干渠 | 堰 3 | 兰石村 | 2 | 50 | 无闸门 |
| 总干渠 | 堰 4 | 兰石村 | 2 | 60 | 无闸门 |
| 总干渠 | 堰 5 | 兰石村 | 2 | 60 | 无闸门 |
| 总干渠 | 高扶堰 | 官村 | 2 | 200 | 有闸门 |
| 合计 | 31 座 | | | | |

2. 闸门

灌区渠道上分布着大大小小的水闸，分别承担着分水、节制和防洪等功能。目前渠系上有控制闸 24 座，包括分水闸 1 座和节制闸、排涝闸 23 座，见图 2–11。

图 2–11 分水闸（左）、节制闸（右）（县林业水利局供图）

### （二）渠道工程

史料记载，元、明古代原输水灌溉渠系共有东、西两条干渠，灌渠上共有 72 条支堰，清代康熙年间有拓展延伸，最多灌溉面积达 5 万余亩，民国时渠系的历史格局基本保留。原东干渠从渠首山头岩起沿江边田畈而下，经松木墩、后田铺、五石殿头、大板桥、和尚桥、方家仓、卢家、白畈、兰石村西、西门畈、环城河、新桥头至驿前止。其间又从五石殿头向东分支渠经官村祝、桥头、寺后至狮子桥头。东干渠全长 8 千米，灌田 7995 亩。原西干渠从渠首山头岩起，靠西往北而下，经山头外、山头里、西山王、大板桥、项家、曹家、柳村、火车站、坊门街等地。其间又以西山王下分支渠经西殿底、官山底、项家村西、半爿月、马墩、山底、和尚桥、浦山、詹家至后厅。全长 9 千米，灌田 13995 亩。部分渠段改为混凝土衬砌，部分为干砌石护岸，部分渠段破损待修。1970 年，将东西两干渠上段裁弯取直，同时修竣渠道。1973 年，寺后公社规划园田化，将姜席堰灌区渠系作全面调整，原东干渠自进口经大板桥、高垄畈、方家仓、曹家至兰石一段予以废除，改由西山王至狮子桥头入灵山江。从进口起，加宽加深一条总干渠。从总干渠中分出中、西两条干渠。西渠为绕山干渠，从西殿山边至詹家与总干渠汇合泄人衢江；东干渠从西山王经后田铺、官村祝、寺后、狮子桥头，泄入灵山江。1986 年，龙游县对姜席堰灌区渠系重新进行全面完善，浙江省人民政府以发展粮食生产专项资金补助 11 万元，龙游县人民政府补助 3.4 万元，灌区筹集 6 万元，合计投入 20.4 万元，投劳 2 万工。堰口增建两孔排洪闸，整修、拓宽、延伸 9 条渠道共长 12.9 千米，同时在渠道上兴建人行桥及机耕路桥 54 座，工程于 1987 年 3 月完工，共开挖土石方

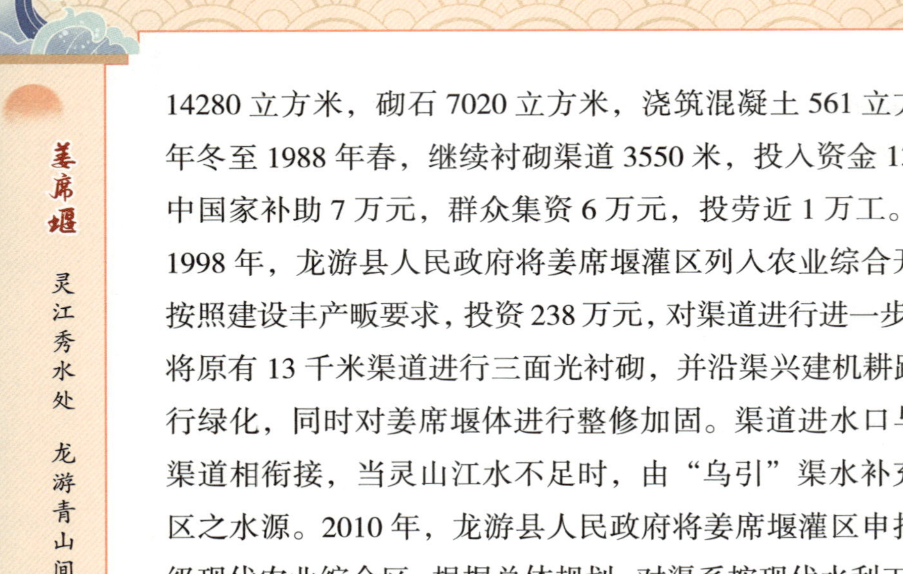

14280 立方米，砌石 7020 立方米，浇筑混凝土 561 立方米。1987 年冬至 1988 年春，继续衬砌渠道 3550 米，投入资金 13 万元，其中国家补助 7 万元，群众集资 6 万元，投劳近 1 万工。1994 年至 1998 年，龙游县人民政府将姜席堰灌区列入农业综合开发项目，按照建设丰产畈要求，投资 238 万元，对渠道进行进一步配套建设，将原有 13 千米渠道进行三面光衬砌，并沿渠兴建机耕路，路旁进行绿化，同时对姜席堰体进行整修加固。渠道进水口与“乌引”渠道相衔接，当灵山江水不足时，由“乌引”渠水补充，保证灌区之水源。2010 年，龙游县人民政府将姜席堰灌区申报为浙江省级现代农业综合区，根据总体规划，对渠系按现代水利工程的要求，主材利用钢筋、水泥，进行了调整配套加固。灌区渠系布局：有总干渠和东、中、西、官村 4 条干渠，干渠分设有 15 条支渠。渠道上分布着大大小小的水闸，分别承担着分水、节制和退水等功能。这以后，姜席堰渠系经过整合优化还是保留当年的布局，有总干渠和东、中、西、官村四条干渠，总长 18.8 千米，干渠分设有 15 条支渠，总长度 30.87 千米。主要灌溉范围包括龙洲街道、东华街道和詹家镇所辖的 21 个行政村，目前灌区面积为 3.5 万亩。直至今天灌溉渠系的现状为：总干渠南北向，从渠首山头外村至西殿村，总长 1.3 千米，设计引水流量 4.5 米$^3$/秒，总干渠下分流西干渠和中干渠。东干渠东北走向，从后田铺村山头外自然村渠首起经后田铺、五石殿头、官村祝、桥头、李家、寺后、狮子桥至周家，总长 4.9 千米，设计引水流量 1.0 米$^3$/秒。西干渠西北走向，从总干渠沿西殿、后山头、付家、半爿月、山底穿过铁路至詹家，设计引水流量 2.0 米$^3$/秒，长 4.7 千米；中干渠从总干渠自南向北沿西殿、大板桥、项家、下社、邱家、马墩、穿过铁路至曹家及龙游县城，设计引水流量 2.5 米$^3$/ 秒，长 4.2 千米。官村干渠呈东北走向，从姜堰右岸经东华街道乌龟山到官村、林家，引水流量 0.5 米$^3$/ 秒，长 3.7 千米。干渠分设有 15 条支渠，总长度 30.87 千米，主要灌溉范围为所辖的 21 个行政村。分布情况如下：东干渠分出支渠 2 条，共 3.69 千米：官村祝至周家支渠，长 2.1 千米；周家至狮子桥支渠，长 1.59 千米。中干渠分出支渠 5 条，共 9.74 千米：县城街区引水渠，长 3.23 千米；莲湖溪，长 2.81 千米；曹家至山底支渠，长 1.2 千米；曹家至兰石支渠，长 1.9 千米；方家仓支渠，长 0.6 千米。西干渠分出支渠 7 条，共 14.11 千米：后山头至山底支渠（穿铁路），长 2.63 千米；山底至柳村支渠，长 2.72 千米；山底至浦山支渠，长 1.35 千米；山底至九里桥支渠 2.64 千米，马墩村支渠 1.09 千米，半爿月至寺后支渠 1.72 千米，后山头至寺后支渠 1.96 千米。官村干渠分出支渠 1 条，为方坦支渠，共 3.33 千米，见图 2–12。

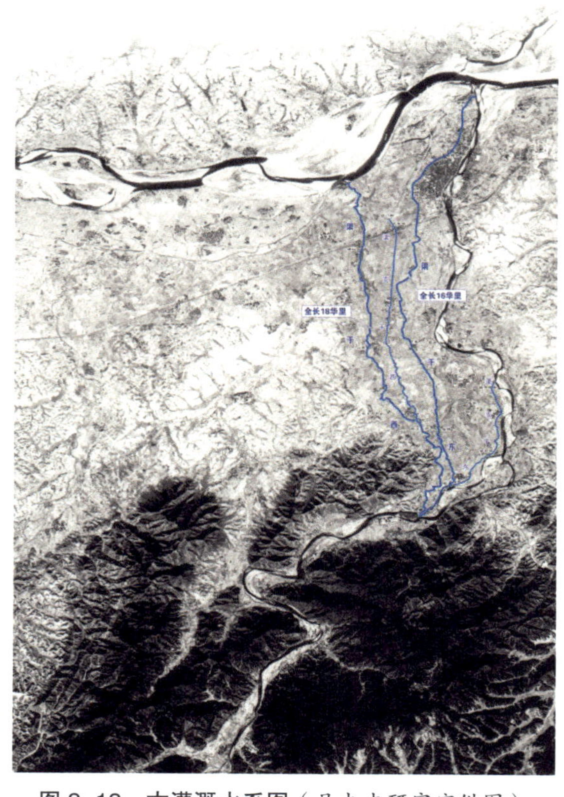

图 2–12　古灌溉水系图（县史志研究室供图）

### （三）引水入城

姜席堰之水，不仅灌溉农田，还引水入城，发挥了市政供排水的效益。据民国《龙游县志》

卷五记载："濠深广一丈有奇，明嘉靖中，知县敖铖筑北泽堰，曾引余波入濠以备火患。其后坝废，濠亦塞。"清乾隆三年（公元 1736 年），知县徐起岩重修姜、席二堰，从太平门入城濠内，环学舍，汇泮池，经县治之白莲桥折北入濠沿街（现大众路）水渠，而赴北门水关，与城外堰水合流注于瀔溪。讲明白灵山港溪水早在宋、明时期，由北泽堰水供给城里，导其流入濠，蓄水以备火灾，形成环城护城河，为防敌寇攻城设置了天然屏障。后濠沟逐渐淤塞。后乾隆年间改用姜席堰水绕城而由西入城，姜席堰引水入城之水，一支从现在的中干渠导水至大西门绕城，形成护城河；其中的一股水从太平门由西向折北，穿城而过，形成县城水网，为居民提供生活用水、城市消防用水。另外现在的东干渠一支由南同北到城根穿城墙进西湖后，向东排水入灵山江。至民国中期，仍有部分渠水从大西门太平门入城，流经英武殿（现农业银行钟楼）—九曲巷（现中医院对面新华巷）—泮池（现县学塘）—县前街（现大南门街区原老县政府门口）—石板街（现大南门街区清廉路）—清廉路中段—朝阳巷（现大南门街区朝阳巷）—濠沿街（现北门大众路）—徽州会馆（现大众路）—江西会馆（现大众路），从大北门"向义门"（现大众路与文化路交界处）出城。其中老十字路口（现太平路与大众路交界处）至大北门古称"濠沿街"，东侧的这段古称"濠渠"（现已不存，成了大众路拓宽的部分），水渠宽 2.5 ~ 3.3 米，除了满足了东门、北门的居民店户洗涤及消防用水，还有一个功能，用于沿驿前码头装货，进大北门城区，自北向南逆水入濠沿街东侧之"濠渠"，进到街面、街巷进行卸货，满足商铺运货的需要。另一支经西湖、印心亭巷地下暗道穿城而过，形成县城南门水网，为居民提供生活用水、城市消防用水。这些，可谓精心布局，起到城市灌、排、用、运四项综合水网的作用。目前，历史入城渠系仅存遗址，使用功能基本废止。随着大南门历史街区工程推进，入城水系将按原线路、原材质恢复改造部分水渠，迎来人民畅游畅想、谈古论今、寻梦“江南望郡，浙商故里”的乡愁记忆，焕发出新的蓬勃生机，见图 2–13、图 2–14。

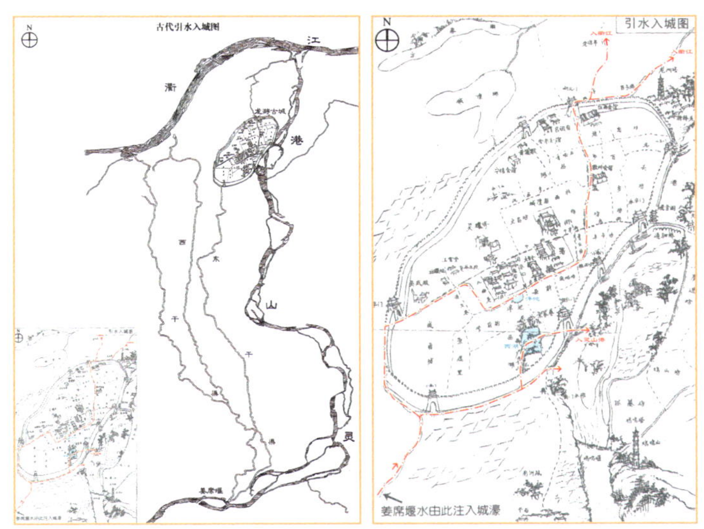


图 2–13　引水入城古水系图（县史志研究室供图）

图 2–14　大南门古水渠（县史志研究室供图）

## 二、渠系演变及维修

姜席堰灌区历代渠系动态发展，日臻完备。隆庆五年（公元1571年）、万历年间（公元1573—1576年），知县涂杰两次重修姜席堰。乾隆元年（公元1736年），知县徐起岩重修姜、席二堰，引水一支从太平门入城濠内，环学舍，汇泮池，经县治之白莲桥折北入濠沿街（现大众路）水渠，而赴北门水关，与城外堰水合流注于瀔溪。到光绪年间，原输水渠系工程仍然是分东渠、西渠两条。东渠从渠首山头岩起沿溪边田畈而下，往松毛墩、后田铺、五石田头、大板桥、和尚碓、方家仓、卢家、白畈、兰石村西、西门畈、新桥头至驿前止。其间又从五石田头，向东分支渠往官村祝、桥头、寺后至狮子桥头。全长8千米，灌田8000亩。西渠从渠首山头岩起，靠西往北而下，经山头外，山头里，西山王、大板桥、项家、曹家、柳村、火车站、坊门街等地。其间又从西山王下分支渠往西殿底、官山底、项家村西、半爿月、马墩、山底、和尚桥、詹家至后厅。全长9千米，灌田14000亩。历史上为铭记创建姜席堰之功，人们曾在山头外村建“堰神庙”一座，内塑有姜公、席公二像，供人瞻仰。一直到民国时期，姜席堰尚存姜席公户、堰神会、堰神庙等公产，以及姜席堰管理会及堰务会等组织的日常支出费用。民国二十一年（公元1932年）姜席堰管委会制订公布《姜席堰管理章程》。民国三十七年（公元1948年）姜席堰管委会组织修筑堰沟水闸工程，抢修护堤。民国期间，靠近堰渠但不能自流灌溉的土地，其中筒车拥有15部，灌溉田地150亩。从此，旱地成了水田，增加了稻作面积，灌区面积相继扩大。渠系则为按需合理输水农田灌溉的基础设施，两者均为相互衔接的水工基础建筑物。另载：原西渠上游山头外、山头里、松毛墩一段，因田高渠低，不能自流灌溉，采用竹木制作筒车架于渠中，利用渠水冲力提水灌溉。共有筒车 15 部，灌田 150 亩。西渠末尾至后厅跨越坊门河一段，利用毛竹、外包棕衣，另用大松树段凿通，连接成通水管，埋入河中，作倒虹吸引水灌田。上述两种灌溉工具，一直使用至 20 世纪 70 年代初。民国期间建造的倒虹吸，在龙游广泛运用，为龙游籍全国著名水利专家何之泰所发明和倡议推广。1950 年春夏，铺砌护岸计长 387.8 米，开凿和搬运块石 2273 立方米，填肚卵石 1145 立方米，投工 6212 工，共拨大米 7.4 万斤。1970 年将东西两渠上段裁弯取直，增大流速，同时修浚渠道。1973 年寺后公社规划园田化，对姜席堰灌区渠系作全面调查，废除原东渠自进口往大板桥、高垄畈、方家仓、曹家至兰石一段；从进口起，加深加宽一条总干渠。由总干渠再分出东西两干渠，西为绕山干渠，从西殿山边至詹家与总干渠汇合泄入衢江；东干渠从西山王往后田铺、官村祝、寺后、狮子桥头，泄入灵山港。1986 年县水电局对姜席堰及灌区渠系进行全面测量设计，搞好配套建设。浙江省人民政府以发展粮食生产专项资金补助 11 万元，县人民政府补助 3.4 万元，灌区筹资 6 万元，合计 20.4 万元，投工 2 万工，完成堰口增建两孔排洪冲沙闸一座，整修、拓宽、延伸九条渠道共 12.9 千米，同时在渠系上兴修人行桥及机耕桥 54 座，工程于 1987 年 3 月完工，共开挖土石方 14280 立方米，砌石 7020 立方米，浇混凝土 561 立方米。1987 年冬至 1988 年春，继续整修衬砌渠道 3550 米，共花资金 13 万元，其中国家补助 7 万元，群众集资 6 万元，灌区投劳 1 万工。1994 年至 1998 年，县政府将姜席堰灌区列入了农业综合开发项目，按照建设丰产畈的要求，投资 238 万元，对渠系

东干渠

总干渠

西干渠

图 2–15
（县林业水利局供图）

进行进一步配套建设，将原有 13 千米渠道全部进行了三面光衬砌，并沿渠系兴建了机耕路及路旁绿化，对堰体进行了全面整修加固。渠道进水口与“乌引”工程相衔接，一旦灵山港水源不足便以“乌引”水补入，保证了灌区的充足水源，使之成为全县 6 大万亩以上的灌区之一。2010 年，姜席堰灌区被列入浙江省级现代农业综合区，对渠系进行了配套加固。

2014 年，姜堰右坝头增设进水闸一座，并新建管道或明渠与庆丰堰灌溉渠道连接，引水至灌区官村、方坦、上杨、下杨等村，自此，右岸农田提高自流灌溉能力，见图 2–15。

## 第三节 附属工程

### 一、石面潭堰

位于姜席堰下游400米处，自古就建有的古堰，始建年代无可考，清、民国以来存在。因为建在溪中的一块大岩石上，而露出水面那块岩石像家里用的大面盆，方言又叫大面桶，所以就叫大面桶堰，后雅化叫石面潭堰。石面潭堰最大的作用是为了保护姜席堰，抬高水位，减少洪流的落差与流速，减少水土尤其是砂石之流失，这样，席堰底部减轻冲刷下沉，同时也保护了沙洲，使沙洲尾部减少冲洗而下沉坍塌。2020年县财政投资430万元，在原址上游地段对该堰进行恢复重建，堰体平面上呈S形曲线，断面为多级跌水生态堰，坝轴线与水流方向基本成90°正交，堰顶高程59.20米，堰顶宽2.5米。堰体采用C20砼浇筑，下游设置3级小台阶式跌水，每级宽2米，堰面采用M15浆砌仿古条石，堰顶设置条石汀步。堰下游出口消力池宽8米，深0.5米，采用C25钢筋砼厚40厘米，下垫10厘米厚碎石垫层，消力池底板高程为58.10米。为方便检修，在石面潭堰左坝头新增2处插板松木闸门，宽0.6米，高0.5米。

### 二、筒车遗址及提水

这是古代水动力及提水设施。靠近堰渠但高于渠水水面不能自流灌溉的土地，人们在生产实践中利用渠水自流的冲力，发明了筒车、龙骨水车、牛车等提水工具，并被普遍使用，灌区沿渠

设有筒车等较大的水力工具，便于农户提水灌溉。旧时，山区梯田利用毛竹接山沟水引注，垄田或畈田用木制戽斗，以二人手提戽水，或用木制水车（俗称龙骨车），有手摇、脚踏两种。手摇用于提水高差在 1 米左右。一人操作，脚踏有二龙头（二人脚踏）、三龙头（三人脚踏）、四龙头（四人脚踏）等多种，提水量较大。民国期间，竹木制成的转轮筒车有 15 部，皆位于东、西两条干渠途经村庄、“阿斗”（方言，意为分水口）水头落差条件好的位置。西渠部分灌区存在田高渠低的落差，采用竹木制作筒车较多，筒车形如碓轮，直径一般 3 至 5 米，外圆上捆扎着密集的竹筒，架于渠上，当水流冲击筒车轮，筒车轮转动后将水带起注入所置的接水槽中，然后入渠溉田，做到了利用渠水冲力提水灌溉。这些水使旱地成了水田，增加了稻作面积，灌区面积也相继扩大。姜席堰东渠灌区引用木制筒车自动提水，沿渠最多时达 15 台。中华人民共和国建立之初全县各类水车约有 2000 多部。1953 年大旱，境内首次使用抽水机提水抗旱，县人民政府动员桥下私营汽车站将两台煤气汽车（烧木炭）引擎作动力，装配成抽水机支援湖镇乡竺溪桥，七都乡七都村抽溪水抗旱，而后国有农场和部分高级社开始用柴油机带动抽水机提水灌溉。1962 年，在国家的扶助下，衢江北岸首先建设了蜡烛台一至四级电灌站。筒车等设施一直延续到 20 世纪 70 年代，渐渐退出历史舞台，被各种抽水机取代，见图 2-16，见表 2-2。

图 2–16 筒车图（县林业水利局供图）

表 2–2 姜席堰筒车分布一览表

| 地点 | | 使用户主姓名 | 用途 |
|---|---|---|---|
| 东干渠 | 刘根荣屋后 | 不详 | 溪滩新开田用水 |
| | 祝双泉屋边 | 不详 | 渠西岸自留地用水 |
| | 张水根桥下 | 不详 | 渠东西两岸田用水 |
| | 王仲梅田 | 不详 | 卸墩转弯处东岸田用水 |
| | 尧德林门前 | 不详 | 林梓渠西田用水 |
| | 雪根桥高 | 不详 | 渠东招培十七田用水 |
| | 雪根桥底 | 不详 | 渠东小块田用水 |
| 西干渠 | 后边 | 董文财 | 渠西高嘞田用水 |
| | 松家墩边 | 汪炳荣 | 稻田用水 |
| | 山头里上 | 西奶古 | 渠东田用水 |
| | 山头里桥下 | 王招庆 | 渠东田用水 |
| | 盒棒门口 | 董图样 | 渠西岸田用水 |
| | 西山王路口 | 刘石富 | 渠东田用水 |
| | 上堰弯扩登 | 刘樟生 | 渠西田用水 |
| | 上堰下弯口 | 王招庆 | 渠东田用水 |

## 三、水碓遗址

这是古代水动力用于生活的设施。灌区沿渠普遍使用水碓等水力工具，根据干渠途经村庄的分水口，利用水头落差的实况建造了水碓。水碓有两种，水流落差大的地方，一般建成水流从碓轮上方下冲的“浇碓”；水流落差相对较小的地方，建成水流从碓轮下部冲动的“氽碓”。民国期间，沿渠有各种水碓32爿，利用水力带动其他加工工具，置办水碓、磨车（榨油作坊）等加工作坊，便于农户粮食和油料加工。从事粮油加工，方便百姓，服务民生，因此各水碓业务殷实，经营生意都比较兴旺，这些水动力一般由子堰董事收费，用于岁修清淤。这种水动设施一直延续到20世纪70年代，最终被高效科学的电动机取而代之。至今还有一些地方留有水碓遗址，并以当年的水碓名作为标志性地名，见图2–17，见表2–3。

图2–17　水碓图（县史志研究室供图）

表2–3　　姜席堰水碓分布一览表

| 所在地点 | | 碓型类别 | 地址或业主 |
|---|---|---|---|
| 东干渠 | 后田铺村 | 麻车水碓 | 路东王仲良祖传 |
| | 后田铺村 | 麻车水碓 | 五石殿东陈志品祖传 |

续表

| 所在地点 | | 碓型类别 | 地址或业主 |
| --- | --- | --- | --- |
| 东干渠 | 官村祝村 | 水碓 | 大竹园十八田边 |
| | 寺后村周家 | 麻车水碓 | 周家老石元祖传 |
| | 寺后村 | 浇碓 | 村西赖忠高祖传 |
| | 寺后村 | 水碓 | 寺庙和尚建 |
| | 狮子桥村 | 麻车水碓 | 余志舍屋前 |
| | 狮子桥下 | 麻车水碓 | 路东王樟清祖传 |
| | 白畈村 | 麻车水碓 | 小毛屋后村兴建 |
| | 兰石村 | 麻车水碓 | 上碓余明川祖传 |
| | 兰石村 | 水碓 | 下碓余明高祖传 |
| | 兰石村 | 水碓 | 田畈村西浇碓 |
| 西干渠 | 后田铺村 | 麻车水碓 | 邱家荣古老祖传 |
| | 大板桥村 | 水碓 | 徐卸曼屋西 |
| | 项家村西 | 水碓 | 后山头卸末丁屋后 |
| | 项家村 | 水碓 | 楼家上碓祖传 |
| | 项家村 | 水碓 | 林家下碓祖传 |
| | 半爿月村 | 水碓 | 傅家前田畈 |
| | 半爿月村 | 水碓 | 傅家后田畈 |
| | 马墩村 | 水碓 | 上托底陈启明祖传 |
| | 马墩村 | 水碓 | 下托底雷宝林祖传 |
| | 山底村上碓 | 水碓 | 渠东上余成源祖传 |
| | 山底村路东中 | 水碓 | 村集体建成 |
| | 山底村下碓 | 水碓 | 余羊古户祖传 |
| | 山底村和尚桥 | 水碓 | 吕樟报户祖传 |
| | 山底村和尚桥 | 水碓 | 外国佬管 |
| | 山底村和尚桥 | 水碓 | 不详 |
| | 曹家村 | 水碓 | 代销店卢志良 |
| | 曹家村 | 水碓 | 村大会堂边 |

续表

| 所在地点 | | 碓型类别 | 地址或业主 |
| --- | --- | --- | --- |
| 西干渠 | 柳村村上 | 水碓 | 山堰头陈樟发祖传 |
| | 柳村村下 | 水碓 | 山堰头下宣老祖传 |
| | 方门街村 | 水碓 | 佘文古户祖传 |

## 四、倒虹吸

姜席堰输水除了依靠子堰，即渠中小坝将堰水导入各支渠中以达到自流灌溉的目的外，穿过低洼地带则采用倒虹吸等手段，辅助达到通水目的。如民国时期，为将渠水引至后厅，西渠末尾在水利专家何之泰的指导下，取相对较直的毛竹，挖开地面形成向下的延伸面，采用毛竹制作的倒虹吸管，利用大头套小头的办法，并排地形成一排，中间用包棕皮将其包裹好，上面穿过芝溪河道，将姜席堰渠水引至坊门溪西岸农田。这种两头水位相同、中间低矮些吸水的办法，就叫倒虹吸原理。

# 第四节　姜席堰的历史疑案

龙游姜席堰肇始年代无可考，有县志记载始于元朝至顺年间（公元 1330—1333 年），由察儿可马任龙游达鲁花赤时主持兴建，距今已有 690 余年历史。

姜席堰在申报世界灌溉工程遗产过程中，立足于当今的使用功能，对始建年代刚性要求时间是不少于百年，鉴于此，申报时需要一个文献记载准确的时间即可，当时没有在始建年代去过多探究。于是，根据龙游县志史料，申报的始建年代采信的依据为民国十四年《龙游县志》《食货考·水利·诸堰》的记载："十七都有姜村堰、席村堰，元至顺间，达鲁花赤察儿可马兴筑。其水发源处州，由南源至十七都堤芳溪之水，今为二堰：上为姜村堰，下为席村堰，相距数百武。自十一都、六都至二都，分子堰七十有二，凡溉田二万一千七百八十一亩。得沾堰水者，皆称沃壤，堰之在各乡推此为巨。"遗产申报成功后，龙游县史志办公室和县水利局的专家们认真研讨认为：姜村堰始筑年代无考；元至顺年间，达鲁花赤察儿可马主持修建席村堰、鸡鸣堰，亲自督察，兴筑成功，造福于民，彪炳史册。前后对照一下对姜村堰始筑于元代的判断存疑：旧志写察儿可马筑的是席村堰、鸡鸣堰两堰而已，非姜堰和席堰两堰，也非姜席堰的全部。为了如实记录申报中始建年代的不充分问题，也以免引起后人误解、争议及诟病，本书今考析如下。

从历史文献中明晰。龙游现存的建国以前的地方志存有：明万历壬子《龙游县志》，清康熙《龙游县志》，民国十四年《龙游县志》，都对姜席堰相关的人和事有较多翔实的记载。先看明万历壬子《龙游县志》二处·卷一《舆地》记载："堰之在各乡者，其最巨有若十七都之姜村堰、席村堰。堤茅溪之水分为二堰，其所注自十一都由六都至二都，凡溉田三万余亩，分子堰七十有二，虽大旱不竭，故一方受二堰之水者皆称沃壤。嘉靖四年为洪水所坏，推官郑道筑马胫八十丈以杀其势，又筑碕一百五十丈以固其址，自兹民不患涸，郑公力也。嘉靖戊申知县钱仕重修……"又卷十三《修儒学记》记载，"至顺三年冬，宪使按部，属邑长可斋修理儒学，明教源也。……树石堂上，属为之词，曰：'愚尝闻诸同年径畈徐子之言，袁得贤侯而学兴，婺源得茂宰而书阁成。学者登是堂践古人之迹，必取紫阳朱子、盱江李子有关世教之记

诵之。今书贤大夫维新之绩，敢以闻所闻以助方来。设庠序以成化，于邑抑岂徒哉？’可斋公，名察儿可马，授承直郎、龙游达鲁花赤兼劝农事。”以上两处政绩中，察儿可马任上有许多实绩却没有与姜席堰相关的业绩史料记载。

清康熙《龙游县志》有二处：卷三《官师志》名宦列传记载：“元，察儿可马，木速蛮人。至顺初官龙游达鲁花赤。召父老开辟田野，示之以法，均赋役，清隐占，有欺隐者许民自陈贷其罪，得实户九千有奇。先是，西安、龙游粮输建德，凡羡余悉令再输本路，公言于司府，西安存广盈，龙游存和丰，永为制。瀔江浮桥圮，靡有修葺，置田二百四十亩立仓充其用。筑席村、鸡鸣二堰，皆亲督其成。召至，民不忍其去。”这里准确记载察儿可马任上修筑了席村、鸡鸣二堰。又《卷六·水利志》记载：“十七都有姜村堰、席村堰，水源自处州，由南源至十七都，堤茅溪之水分为二堰：上姜下席，相距数百武。其所注自十一都、六都至二都，凡溉田五万余亩。分子堰七十有二，虽大旱不竭，故一方受二堰之水者皆称沃壤。嘉靖四年为洪水所坏，推官扬州郑道筑马胫八十丈以杀其势，又筑硃坝一百五十丈以固其址，自兹民不患涸……”这里前处提到察儿可马修席堰，二处也无察儿可马修姜堰、席堰的完全陈述。

民国十四年《龙游县志》除以上《食货考·水利·诸堰》的记载外，还有卷十三《宦绩略》记载：“元，达鲁花赤察儿可马，木速蛮人，至顺初任，廉干便民。召父老开辟田野，示之以法，均赋役，清隐占。有欺隐者，许民自陈贷其罪，得实户九千有奇。先是，西安、龙游粮输建德，以羡余输本路。察儿可马言于司府，西安存广盈仓，龙游存和丰仓，永为制。修瀔江浮桥，置田二百四十亩，立仓充其费。导处州源之水，筑席村堰，其所注自十一都、六都至二都，溉田二万余亩，虽大旱不竭。又筑鸡鸣堰，导溪水缘鸡鸣山麓绕后坂达七都，灌注凡一千亩。内召至，民不忍其去，相率立去思碑。”这里主编余绍宋也作按语：“两旧志仅云筑席村、鸡鸣两堰。兹以此两堰于本邑水利关系甚大，特为补叙大略于此。”明确了察儿可马与席堰、鸡鸣堰两堰的关系，与姜村堰并无关系。

从龙游历史考古资料来看。龙游有新石器时代的文化遗址 10 处，出土大量石箭镞、石刀、石锛和玉珠、玉玦以及各种陶器残片。其中，“2010 年青碓遗址的发现，标志着衢江、灵山江流域第一次发现上山文化类型遗址。因此，是青碓遗址拉开了这一地区早期新石器时代考古的序幕。一年以后，又发现荷花山遗址。”“青碓遗址、荷花山遗址作为钱塘江早期新石器时代，被考古界论定为是长江中下游地区早期新石器时代考古学文化的重要突破。”“遗址中发现的稻作遗存，证明龙游所在的钱塘江上游地区，是稻作农业文明的重要发祥地。”寺后青碓遗址，就坐落于姜席堰灌区的寺后畈寺后村和尚碓自然村，考古发现，早在 10000—9600 年前青碓遗址、荷花山遗址就已有水稻和谷物的遗存了。水稻自然离不开水。而姜席堰灌区的寺后畈降水是有季节性的，荣枯期十分明显。洪涝与抗旱是农业尤其是水稻种植的二大顽症，遇上它，不但保不了丰收，能确保有收成，就谢天谢地了。农业水稻靠天吃饭当然不行，治水、引水等化水为利历为当政者之要事、大事。而可引水大的工程，古代主要不外乎地面渗透的泉井、降雨时蓄水的湖塘和截取径流的堰坝等几大种类的引和提，对江南的江浙来说，还是以堰坝为大宗手段。

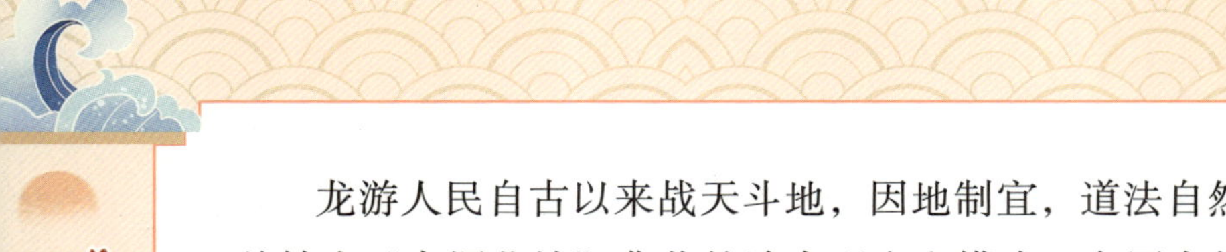



龙游人民自古以来战天斗地，因地制宜，道法自然，探索和总结出“南堰北塘”典范的治水理念和模式。在历史的长河中，龙游的治理堰坝也跟随着农田的扩大而逐渐升级，伴随着抗击干旱和拯救洪涝而日臻完善。开始时灌溉规模小，带季节性的，无非用堆石拦蓄而已，当农田拓展到一定数量后，才形成比较固定的拦蓄堰体和引水渠系，这是一个反反复复且漫长的探索、实践和总结的过程。古代生产力水平低下，抗争自然的能力不足，有时先民们年毁年修，循环往复，所以堰坝的具体始筑时间往往都是不明确的，也少有记载。另外龙游官方的志书和文史在明代万历以前均无保存，即便后期有志书，也是洛阳纸贵，囿于篇幅及其他，详尽不足。譬如，民国十四年《龙游县志》记载了大大小小 120 余处堰坝，基本上都没有始筑年代。可见，利用堰坝引水，历史久远，但记载不明已成为事实。因代代相传，口口相授，于是，民间的传说和故事经常会穿越时空，互相混杂，细细品味，生涩难懂。如《姜公、席公跃马纵潭》的故事与察儿可马联系在一起，而明万历壬子《龙游县志》对姜席堰所在地的村名叫后田铺村的记载很明确。而故事中姜公所在的村叫姜村，所修的堰叫姜村堰；席公所在的村叫席村，所修的堰叫席村堰，与志书记载内容一对照就显得离奇了。应该说姜席堰的命名至今仍然是个谜，今天的人们需对姜席堰名称重新考证，对姜席堰的“始筑年代”需重新追溯。

从席村堰、姜村堰到姜席堰的名字分合历史上考析。席村堰是姜席堰的重要组成部分，虽然称为“上姜下席”，但姜村堰与席村堰是有机的结合体，没有姜村堰就起不到截流引水的功能，而姜村堰又通过席村堰才达到引水入渠的作用。就规模来说姜村堰为主体，席村堰则为副堰。两堰相距百余米，以沙洲替代堰体，替代引水渠口前段之导墙，这种巧妙砌筑方式，化整为零，减少了筑堰的工程量，维修管理更为方便。这里从历史变迁的眼光看，也不排除原先只有姜村堰，或者被称为其他名称的直达河流两岸的整体堰。由于岁月更替，受大洪水冲击等因素，北端段被冲毁，河道北端淘深，渠道变成了河道，中间淤积的沙滩变成了沙洲。灾后的人们选择在其下游适合位置，因陋就简地恢复一段堰体供水，岁月的轮回中而逐渐演变为席村堰。提及察儿可马兴筑的只是席村堰，没有姜村堰。由此推理，姜村堰的确已有，而且当时很牢固不需要修，不用察儿可马去劳筋伤骨、去费神。古人很有原则，察儿可马没有劳神而无这实绩，当然不会乱记到他头上去。这也说明了姜村堰非始筑，要说始筑，也仅仅是席村堰这一副堰而已，而非姜席堰的全部。

从姜席堰科学的选址、巧妙的砌筑、综合效能之大计算推论工程的进度。如果没有原有的扎实基础，不要说出生于大漠的察儿可马，就是修筑堰坝的专家，要在区区三年内，完成对席村、鸡鸣二堰的踏勘选址、渠系布置、募集资金、物色工匠，动员民众将堰筑成，也属奇异至极。席村、鸡鸣二堰的兴筑又怎么会记入察儿可马名下的呢？史料记载：元泰定四年（公元 1327 年）、元至顺元年（公元 1330 年），曾连续发生了大洪水。至顺元年刚到任龙游的达鲁花赤，亲民，应民意，会干事，干成事。面对洪水造成的良田变滩涂，堰坝塌垮、土地荒芜，他及时号召开辟田野、恢复生产。而姜席堰、鸡鸣堰对农事有着举足轻重的作用，要恢复生产首先必须修复被冲毁的席村堰、鸡鸣堰。化水为利，福泽于民，诚为施政者之大事，所以他主动、积极和有效地把事关龙游民生

的席村堰、鸡鸣堰水利工程修筑，列入县工作的议事日程，亲自监察督办。兴筑席村、鸡鸣二堰便顺理成章地被认为始筑，成为察儿可马的政绩。

综上所述，姜席堰简述为：始筑年代无可考，元至顺年间，达鲁花赤察儿可马前承姜村堰保护，后启席村堰、鸡鸣堰建设，将其列为县督办的重点水利工程，亲自督察，兴筑成功，造福于民，彪炳史册。

还有关于姜堰、席堰的取名，文献、史料和档案上都没确切的记载，至今采访的灌区村庄及现有龙游辖区内姜氏、席氏家谱中，也没有看到与姜堰、席堰建设的姜公、席公的内容；至今，历代以来周边及灌区里村庄也从没有姜村、席村的任何记载，这些引发史学工作和当地干部村民高度关注，且让人非常困惑不解。姜席堰的传承有序，记载可查，可名称却来自口口相传，来源于姜公、席公延误朝廷规定的建堰期限而纵马跃潭的民间故事。这到底是始建年代太久，山河变迁、星移斗转，历史的真实被历史湮没，已找不到史料依据了，还是当地人以讹传讹，因为习俗的力量使这个名字已约定俗成了，或许事实上根本就没有姜公、席公这俩人，纯属因杜撰流传，这些已谜底深深，都让历史和世人反反复复纠结很久很久了。然而从当地人建起堰神庙（殿），立姜公姜文松、席公席寰泰两员外的塑像，以虔诚之心来供奉，香火兴盛，连绵不断中可以看出，历史的实与虚、人物的真与假都已不要紧了，因为两座塑像已是灌区人民，乃至龙游人民心中的神，这尊神就是为姜席堰有功于时代，利于千秋奉献和建功的人。从这个意义上说，谁始建对后人已不重要了，愿这一千古之谜不断地流传万代。

# 第三章　工程管理

纵观姜席堰整个历史，可以发现，从古代到当代对姜席堰的管理大都实行的自治，职责分明，互惠互助，携手共建。这种管理方式历经这么多年，去粗取精，扬长避短，不断地完善、规范和提高。据可考的文献分析，历史上一直采用“政府督办”和“民间创办”的方式管理，由县衙（政府）监督，下游各受益村庄按受益田亩面积缴纳费用，并设立专管机构（董事会），聘任堰长及专职人员，负责日常维护。灵山江作为进出龙游南部及邻县的松阳、遂昌的水路航道，皆从过往船只排筏抽取费用，用于姜席堰的日常维护。因山洪冲垮堰体而进行的大维修，一般都由官方主持督办，由民办组织按约定方式筹集维修费用及摊派劳务等，而政府则适当补助和减免赋税，日常维护及大修均有严格的规章制度。中华人民共和国成立后土地为全民所有，政府设立姜席堰灌区管理所，并聘用一至二名专司堰渠管理工作人员，专责日常堰渠管理、沙洲保护和上下游用水调度等工作。管理所费用以量出为入、略有节余的原则，由各乡政府及所辖村（大队）负责按灌溉田亩合理负担征收上交管委会。渠道一般维修，各乡所辖范围自行组织实施。工程重大修理、改建或重建均由县水利部门设计，资金全部由国家投资解决。后在席堰旁建成一幢四间悬山顶式管理用房用于值勤。1979 年后，设有姜席堰灌区协会，由专人负责

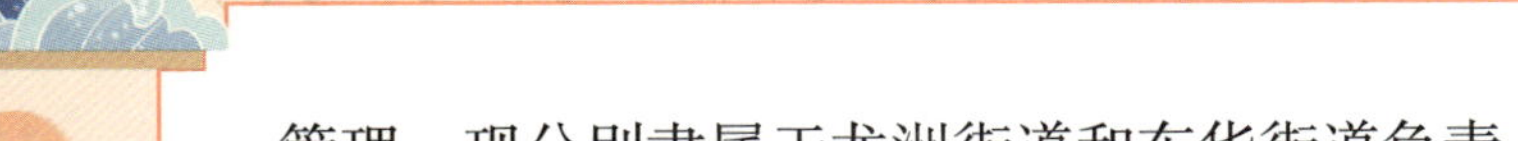



管理。现分别隶属于龙洲街道和东华街道负责。

## 第一节 日常维护

姜席堰位于灵山港下游的官潭乡大堰头村与寺后乡山头外村之间。沧桑变迁，两堰之间沙石淤积，逐渐形成小沙洲，成为一体，后人合称姜席堰。明朝嘉靖四年（公元 1525 年）为堰洪水所坏，推官郑道任上筑马胫八十丈，以杀其势，又筑碌坝一百五十丈，以固其址。明代四次修筑，清代三次重建，最后一次是清光绪十二年（公元 1886 年）由知县高英募捐修建。民国期间，堰坝及护岸累遭损坏，堰道淤塞。民国三十七年（公元 1948 年）4 月，姜席堰管委会曾组织疏浚堰身及抢修护堤。新中国成立后，龙游县人民政府对姜席堰水利工程十分重视，进行多次修理和改造。1950 年春夏，铺砌护岸计长 387.8 米，开凿和搬运块石 2273 立方米，填肚卵石 1145 立方米，投工 6212 工，共拨大米 7.4 万斤。1955 年 6 月，洪水冲毁姜席堰的防洪堤碌及渠道进口。是年 10 月，兴建进水闸一座及修复防洪碌一条。1961 年冬至 1962 年冬，姜席堰进行全面修建。堰面浇混凝土加固加高，堰脚砌石加宽 3 米，并修建进水闸，共投资 1 万元。1970 年，将东西两渠上段裁弯取直，增大流速，同时修浚渠道。1971 年冬，重修上堰坝，用块石 1000 余立方米。1982 年，修理筏道，耗资 0.9 万元。姜席堰历 650 余年，其间曾受大小洪水侵袭不下六七十次，但堰身、坝体一直未有重大破坏。姜席堰堰顶轴线呈折线状，其平面形似角尺，上堰由南往北与主河道垂直，距北岸约 30 米，堰端与东西向的一片沙洲相连接成一条宽 20 米左右的进水道，沙洲的西端又紧接连一条下堰，下堰西端再与渠首相衔接，上下堰形使泄水前沿比传统直线堰长数倍之多，既利于引水纳渠，又起了消力池作用，利于巩固堰身。据当地老农说，堰身埋入河床部分，有青石板连成石壁，紧贴迎水面，防止地下水侵蚀。这对保坝也起重要作用。

姜席堰的原输水渠系工程，分东渠西渠两条。东渠从渠首山头岩起沿溪边田畈而下，经松毛墩、后田铺、五石田头、大板桥、和尚碓、方家仓、卢家、白畈、兰石村西、西门畈、环城河、新桥头至驿前止，其间又从五石田头向东分支渠经官村祝、桥头、寺后至狮子桥头。东渠全长 8 千米，灌田 8000 亩。西渠从渠首山头岩起，靠西往北而下，经山头外、山头里、西山王、大板桥、项家、曹家、柳村、火车站、坊门街等地，其间又以西山王下分支渠经西殿底、官山底、项家村西、半爿月、马墩、山底、和尚桥、詹家至后厅。全长 9 千米，灌田 14000 亩。1973 年，寺后公社规划园田化，将姜席堰灌区渠系作全面调整，废除原东渠自进口经大板桥、高垄畈、方家仓、曹家至兰石一段；从进口起，加深加宽一条总干渠。由总干渠再分出东西两干渠，西为绕山干渠，从西殿山边至詹家与总干渠汇合泄入衢江；东干渠从西山王经后田铺、官村祝、寺后、狮子桥头，泄入灵山港。1986 年，县水电局对姜席堰及灌区渠系进行全面测量设计，进一步搞好配套建设。完成堰口增建两孔排洪冲沙闸一座，整修、拓宽、延伸九条渠道共长 12.9 千米，同时在渠流上兴修人行桥及机耕桥 54 座，工程于 1987 年 3 月完成。同时采用竹木制作筒车架于渠中，利用渠水冲力提水灌溉。共有筒车 15 部，灌田 150 亩。西渠末尾至后厅跨越坊门河一段，利用毛竹，外包棕衣，连接成通水管，埋入河中，作倒虹吸引水灌田。为铭记创建姜席堰之功，人们曾在山头外村

建“堰神庙”一座，内有姜公、席公塑像二尊，供人瞻仰。民国十六年（公元1927年）灌区农民赠匾一块，上书“惠我农众”四字，悬挂庙祠中堂。

## 第二节　管理制度

在不断完善有效管理的实践中，各级组织人员树立高度的自觉意识，这种思想理念的自觉，在行为上表现出强烈的积极的自愿，从而达到在行动中的自我管理。这样的民主选举、民主自治，包括组织机构、管理人员、规章制度、资金筹措、经费公开等一整套完善制度卓有成效。

### 一、选举制，产生组织机构

这项制度从元代兴建就开始，既然姜席堰的水利主体属于灌溉农民，则灌溉的农民代表首先由农民推送，再由农民代表推选董事候选人，尔后由四区召集各荫注农民代表会议选举堰董事，最后的正副堰长由召集四区董事会议选举产生，这是较为原始的农民代表大会制度。不管朝代更替，机构名称从堰董会到堰务会，到管委会，到合作社，到灌溉协会，到用水协会，它的本质就是农民代表选举产生的常设管理机构。这就给灌溉农民有充分表达民主管理的权力，也确保承荫田农民的诉求得到有效的落实：重大事项决策，重大事件协调，重大维修计划拟定，用水交费的规章制度，各项经费的筹措、使用和审核等都由农民代表说了算，极大增加百姓的信任度，增强各项工作凝聚力和灌区群众的主观能动性。

## 二、分工责任制，保证分级管理

在姜席堰的整个历史过程中，分级管理、分类指导相当明确：母堰的姜堰与席堰及枢纽工程，都由正、副堰长总负责，经费的筹度、荫田的交费和封堰的运载收费都归母堰汇缴并负责管理。而东、中、西主干渠，支渠及以下的72子堰，分支渠道和河岸的衬砌等都由堰董负责管理，包括人工的水车、筒车与水碓等管理权也由子堰负责，这些人工的水利设施都可以收费和有偿使用。这种横向到边、纵向到底的自治管理方式也确保放水、修缮、清淤、人工水利等各项工作落到实处。如此有效的管理，确保了灌区的有效运行。

## 三、承荫田捐钱制，确保日常运维

明嘉靖县令钱仕《重修姜村席村二堰记》载“退而筹度事宜，区处财用，经营匠役……富者输财，贫者效力”；康熙志载徐起岩县令《重抄龙邑鱼鳞册存案记》有“康熙十九年，赖贤宰卢公(灿)，轸念民瘼，履亩挨丈，造具清单分给业户，民间授受之产，咸有可据”；清光绪知县高英《兴修姜席二堰谕并条款》记“至于经费，现有本县核实估计，按照卢（灿）前县旧章，由承荫各田按亩捐钱一百六十文”；民国《姜席堰管理章程》第十二条记“如遇收入修理费不敷时，得按荫注田亩派捐修筑”。清康熙年卢灿至光绪年高英近二百年中，他们的收费为每亩160文，没有增加也没有减少。新中国成立以来，姜席堰水费与农业税、教育附加费同时收缴。至2006年1月1日全国取消农业税后，由村水利合作协会收水费。

## 四、岁修制，沿袭亘古不变

明嘉靖推官扬州郑道、知县钱仕，明万历年知县涂杰，明崇祯年知县黄大鹏，清康熙年知县卢灿、徐起岩等，清光绪知县高英“查开挖子堰，系为荫各图田亩起见，现当春耕伊始，自宜及时筹办，合行谕饬。谕到该生民等遵照，迅即会同各图经理堰事人等，赶紧将娘堰并子堰设法挑挖”，民国章程“凡有姜席之支堰，于农隙之际，按年须召集各区荫注田亩农民疏浚一次”。新中国成立后各级干部发动农民年年整饬、修复和清淤，大兴冬修农田水利设施。这种年年岁岁沿袭的自觉行动，确保姜席堰灌区灌溉流畅而富庶。

## 五、《征信录》，保障了阳光财务

光绪年高英知县设堰工局及时收费，还刊刻《征信录》，让百姓放心。在其《重修龙游姜席堰工征信录序》中“绅士徐复等以费出乐输，请刻《征信录》，以取信于阖邑之民，且为久远计，而嘱予为之序”。文中记：“分别细数刊刻《征信录》，给予各都公众查阅，以明心迹，而绝疑窦。”“仍俟工竣，由承办之绅将修堰工程出入细账，刊刻《征信录》，分送捐钱花户，以昭核实。”“所收经费又分毫不假吏胥之手，并会堰工局董于事竣后，将收支细账刊刻《征信录》，分散出给缴捐各花户，以明心迹。”可见，《征信录》的目的是“取信于民”“公众查阅，以明心迹，而绝疑窦”“以昭核实”，都是为了拒绝贪污挪用，实施财务公开透明，从而减少猜疑。坚持公开、公正、公平的原则，取信于民。刊刻《征信录》制度的提倡者是乡绅徐复，以达到“取信于阖邑之民，且为久远计”的目的。由此可见，民主管理、阳光财务的内生自觉来自百姓。而高英知县从群众中来，到群众中去，实现财务公开，提高经费使用的透明度，对各项工作产生巨大的、内在的推动力，见图3-1。

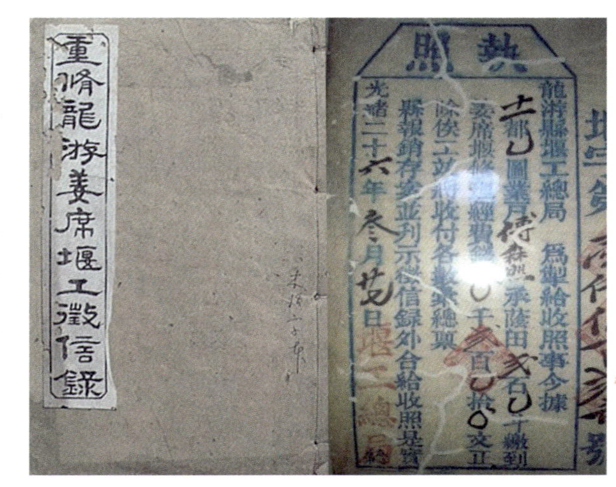


图 3-1　重修龙游姜席堰工征信录、堰工总局收据（清光绪）（刘国庆 供图）

## 六、历代封堰、开堰制度，保证运输的畅通

为了协调灌溉用水和通航而制订。封堰，即将堰口封堵，保证引水灌溉。据记载，明崇祯十三年（公元1640年），知县黄大鹏关心民瘼，尤重水利，姜席堰六月初一封堰必亲临视察，每逢渗漏，每呼填补。民国二十一年（公元1932年）《姜席堰管理章程》规定：“每年立夏前十日封堰，秋分后十日开堰。”由于立夏为农历四月，尚未进入梅汛期，封堰过早，后又改为六月朔日即六月初一封堰。此时梅雨基本结束，田间用水量逐步加大，封堰比较符合管理的实际情况。封堰期间，舟筏必须经住堰管理员协调，在不影响灌溉的情况下，由堰伕撤除部分封堵物让其通过，经过的舟筏必须交纳适当的维护费用。开堰，即清除堰口之封堵物，将堰口完全打开，让主流从堰口流过。舟筏可以自由通过，此时，说明农田灌溉已经结束。

## 七、禁止溪滩开垦

1991年版《龙游县志·杂记》有《禁滩碑》记，20世纪20年代初，姜席堰灌区曾有兰石村民和杨村村民为开垦灵山江中央滩荒地发生争执，后经县当局派员查勘，认为此处开荒易使东岸杨村遭受洪灾。为此，呈报省政府，于1922年2月刻石立碑，禁止在中央滩开荒，此碑至今立于上杨村大礼堂前一农宅围墙上。

## 八、民国管理章程

由堰董会或管理委员会负责制订，经灌区代表大会通过后实施。目前留存完整的、最早的为民国二十一年（公元1932年）订立，章程共十七条，内容丰富：第一条讲四灌区农民为主体；第二条主职员编制核定；第三条主职员的选举产生；第四条主职员的任期；第五条主职员如何连任；第六条堰长堰董均为义务职；第七条责任分工；第八条封堰公告；第九条封堰管理；第十条过堰收费；第十一条经费汇缴与核销；第十二条损坏赔偿；第十三条渠首疏浚；第十四条岁修制；第十五条水碓管理；第十六条两岸伐木；第十七条章程修改。

## 九、用水协会章程

姜席堰东华灌区用水协会章程（草案）（2013年10月16日通过），姜席堰龙洲灌区用水协会章程（草案）（2014年7月10日通过）。章程共五章二十七条，内容丰富：第一章总则；第二章业务范围；第三章会员；第四章组织机构和负责人产生与罢免；第五章资产管理与使用原则。

## 第三节　管理机构

姜席堰自元至顺年间修建以来，一直重视社会组织管理工作，为历代地方官最重视的施政事项。职责分明，互惠互助，携手共建。姜席堰从元代兴建到现代，根据年代不同，组织管理机构从明代堰董会、堰长制，清代的堰务会、堰工总局，到民国时期堰管理委员会，再到新中国成立以后的堰农田灌溉利用合作社、堰灌溉协会，最后到现代的堰用水协会等。工作职责在县衙、县政府监督下，设立专管机构董事会，聘用堰长等人员专职管理。灵山江既是进出龙游南部及邻县遂昌等的水路交通航道，又因山洪冲垮堰体而需要大维修，这些日常维护及大修均有严密组织机构作后盾。

### 一、堰长制

姜席堰的堰长制最早出现在明嘉靖二十六年（公元 1547 年）钱仕《重修姜村席村二堰记》的文献中，有明确记载的堰长叫余昂。堰长对堰的管理负总责，主要职责就是对渠首工程和灌溉渠进行综合管理，提供决策方案，听取群众意见，上传下达协调各项工作，严格执行制度，工作中以身作则，率先垂范等。堰长是由董事选举的，任期在不同时期有一年、三年、五年不等。龙游姜席堰的堰长制是浙江省内较早记载比较明确的文献资料。现代管理中的河长制首创于浙江省，普及于全中国，这是有历史渊源的，堰长制是河长制的前世。

从民国二十一年（公元 1932 年）订立的《姜席堰管理章程》看，堰长与堰董都是不拿工资，意味着这套班子的成员组成必须

具备以下相关条件：有主心骨，说话有人听，一个地方的德高望重之人；有实力，家道殷实，有一定的经济条件之人；有公益心，大灾大事当前，有牺牲精神之人；有能力，组织协调能力强，能担当处理问题之人；有格局，不计较个人得失，事想在前，未雨绸缪之人。可以说选一位堰长，也是“众里寻他千百度”的。想必姜席堰维系这么多年，离不开各有千秋、独树一帜、各领风骚的像余昂、董林春等好堰长；然而在文献史料中的的确确也有许多不称职之堰长，像胡东柱之流，或被弹劾、或被罢免、或被撤换等。据文献资料记载，先后担任过堰长的有余昂、胡东柱、陈文科、董林春等间断性的不少于60任，见图3–2。

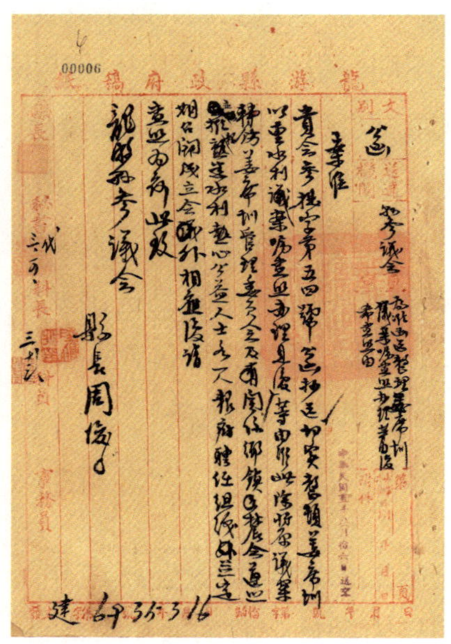

龍游縣政府稿紙

图 3–2　档案 1（县档案馆供图）

## 二、堰董会

从明嘉靖二十六年（公元1547年）钱仕《重修姜村席村二堰记》文中，有“堰长余昂等六十名进而言曰”分析，余昂带着60多号人，少不了乡长、保长等基层组织干部，还有能叫得起、叫得应的他的核心班子，即可推测堰董会不迟于1547年。工作职责为重大决策，重要协调，决定管理中的重大事项。如代表会议、人事任换、维修计划、规章制度、用水矛盾、审核经费等讨论决定事项。譬如：

1. 召集灌区城区、詹家、官潭、官村四个受益区产生董事，组成堰董事会，其中城区、詹家各5人，官潭、官村各3人，共16人组成。

2. 住堰管理员：1名，由堰董会或管理委员会选举产生，常驻母堰，负责现场日常管护工作。在封堰后，负责抗洪涝调峰、抗旱分流灌溉用水、舟筏过堰收费、冲沙闸的启闭等日常管理工作。

3. 堰伕：2至4人，由堰长雇用，常驻母堰工作值班。封堰后主要从事开闸放水、闭闸灌溉和母堰本体日常维护、清理、突击性修筑等工作。可以领取工资报酬。

## 三、堰工总局

行使监督管理职能，负责水工技术，经费代管、筹集及使用；刊刻《征信录》财务公开，阳光政务；重大事项建议可直接向县衙提出。姜席堰经费管理在县城租房设堰工局，为常设办事机构办公点。何时始设不详，到光绪年知县高英重新摆上重要的议事日程，开创了“修堰宜先设堰工局也。查姜席堰内承荫田亩，计有十余都之多，自应在城设一总局，延请绅董分司其事，再于各乡每都选举图董一人，分别查办，则事不烦而有专责”“自应责成图董分别催收，按照三八卯期，由图董五日一赴总局汇缴”。可见，堰工局不是当今的水利局，它不管工程实施，只管工程技术和核对承荫田亩，专责收缴经费，五日以内到局里缴款。后根据收支情况再刊刻《征信录》。这是典型的收支经费堰账县管，目的是便捷图董汇缴经费时间与质量，减少缴费差错，提高经费收支运行效率，减少贪腐和挪用环节，及时公开收缴承荫田的经费。县令经常根据他们的意见作出决策。如建议刊刻《征信录》，这种为有效组织管理而献计献策，就能快速得到县长采纳。再细

心分析一下，从提议刊刻《征信录》“以明心迹”的始作俑者乡绅董事徐复，高英称其为“教职”，原指掌教之事的教官，这里是什么头衔？他是否主持堰工局的工作呢？以他的名字多次在高英文章中出现来看，他非等闲之辈，但有一点可以看出他的身份，他不是国家编制内的工作人员，身份应该是在编制机构之外的德高望重之人。由此可见，堰工局的主要负责人应该是由堰董会委派的，而非县政府所任命。

## 四、堰务会

相当于堰董会筹备会，但非农民代表会议前的临时指定工作。抗战胜利后设立，主要是为姜席堰管理委员会的成立做好筹备工作，如重新调查灌区用水田亩面积、在农户中选举灌区代表、提出管理委员会组成人员名单草案等。

## 五、堰管理委员会

主要从事姜席堰所有大大小小的日常管理工作。从档案文献看，民国三十四年（公元 1945 年）10 月 24 日，姜席堰管理委员会主任陈文科，以堰管理委员会行文“姜席堰农田灌溉利用合作社筹备会组织成立”请示。1945 年 10 月以前就一直有这一机构了。管理委员会组成人员最初为 12 人，后随着灌区的扩大，行政村、乡镇政府机构的变化而有增减，最多时管理委员会成员达 20 余名，已有乡长、保长、甲长安排在其中。管理委员会每年召开一次灌区代表会议，向灌区代表报告工作，提出一般性岁修方案，通报重大案例，选拔和罢免管理人员，公布经费收支情况。新中国成立后沿袭该制度，1963 年，姜席堰管理委员会被评为浙江省水利管理先进单位，省长周建人颁发奖状，见图 3–3。

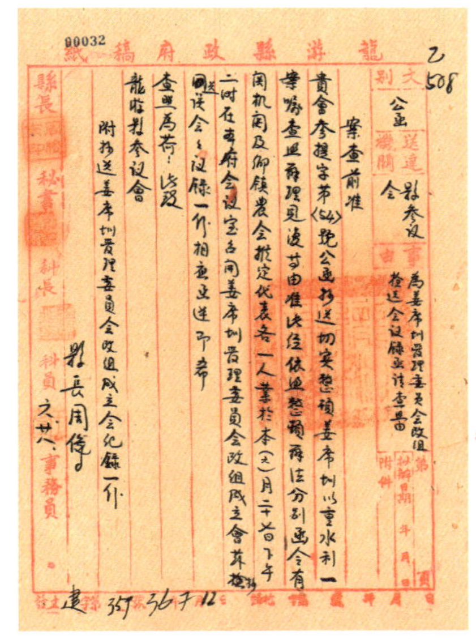

龍游縣政府稿紙

公函

事由：為姜席圳管理委員會改組檢送會議錄函請查照

案查前准

龍游縣參議會

附抄送姜席圳管理委員會改組成立會紀錄一份

图 3–3 档案 2（县档案馆供图）

## 六、堰农田灌溉利用合作社

民国三十四年（公元 1945 年）10 月 12 日下午 2 时，在城区镇公所，召开由吴绍濂、汪承钜、佘文吉、徐文祥、汪瑞云、傅梁广、陈文科、林以盛、胡东柱、方谦吉、张绅等人参加的成立姜席堰农田灌溉利用合作社的筹备会议。会议由陈文科主持。会议议程：首先，公推陈文科为临时主席。其次，由陈文科临时主席报告姜席堰管理委员会管理不善，呈请县政府改组，组织姜席堰农田灌溉利用合作社筹备会，提请召集有关乡镇保长参加讨论本社章程草案。第三，推定本社筹备会，张绅、陈文科、林以盛、胡东柱、吴绍濂、佘文吉、汪瑞云、徐文祥、方谦吉九人为筹备委员，并推胡东柱为筹备主任。第四，推定本会官村乡六、七、八、九、十，城区六、七、八、九、十、十一、十二、十三、十四，官潭十一、十二、十三，詹家一、二、三、四，各保保长为组长。会议由徐启亮记录，见图 3–4。

后姜席堰管理委员会主任陈文科，向县长刘能超报告。定于本年 11 月 12 日举行二十位保长为组长，有十位筹备委员的代表大会。议程为将堰会改组为姜席堰农田灌溉利用合作社，并通过本社章程。从文献档案中看这种合作社的做法，是浙江省统一推

广的一种模式，龙游仿效执行而已。到新中国成立后也有一时段沿袭堰农田灌溉利用合作社的做法，但时间不长。

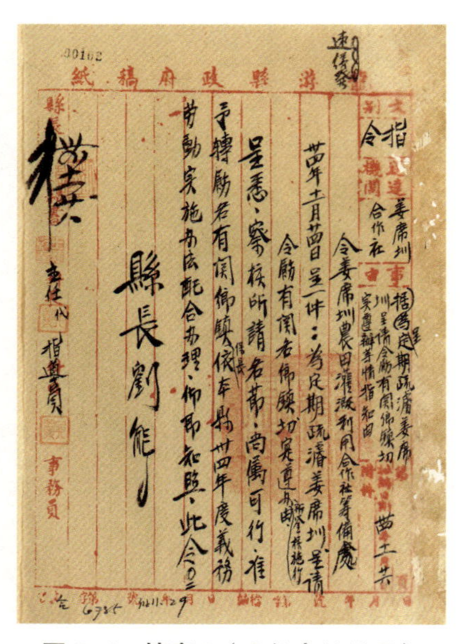

游縣政府稿紙

图 3–4　档案 3（县档案馆供图）

## 七、灌区农民代表会

民国二十一年（公元 1932 年）年订立《姜席堰管理章程》中“堰董由四区董事召集各荫注农民开会选举”，这里“农民开会选举”就是灌区代表会。民国三十六年（公元 1947 年）6 月 16 日，发龙游县参议会公函：“推派代表一人，为组织姜席堰管理委员会当然委员等由，准查本会有关推派各种会议代表，例应由大会决定报聘。”这里的“会议代表”就是灌区代表会。1955 年 6 月，姜席堰首先成立灌区代表会，嗣后，较大工程也效仿推广灌区代表会制度。灌区代表会，为灌溉区域的民主管理组织，凡县、乡（镇）级水利工程管理单位均有灌区代表会的成员。代表包括工程管理单位的行政领导和受益区乡、村干部及热心水利事业的群众代表、模范管理员等。代表会每年举行例会一至二次，一般为春耕生产大忙前召开，也有春、秋各召开一次的。会议的主要议题是：吸收和反映灌区群众对管理、工程维护、改扩建等方面意见；审议灌区工作报告及年度计划；审查财务开支情况，决定水费征收标准；评选先进单位和模范人物，协助和推动灌区管理工作的全面开展。

## 八、堰用水相关协会等群众团体组织

1. 龙游县姜席堰东华街道灌区用水协会

为群众团体组织，由姜席堰东华街道灌区村民张竹林、邵雪源、王樟明、袁志清、范树红、赵金龙等6人向东华街道办事处发起申请，为加强村民生产、生活用水的管理，要求成立姜席堰东华街道灌区用水协会。2013 年 7 月 3 日，东华街道办事处向龙游县水利局申请，要求成立姜席堰东华街道灌区用水协会。8 月 13 日龙游县水利局文件龙水（2013）137 号向东华街道办事处回复“关于同意成立姜席堰东华街道用水协会的批复”，同意召开会员代表大会，制定协会章程和管理制度，选举执委会和负责人，及时到县民政部门注册登记，用水协会才正式成立，协会管理区域为东华街道官村、方坦、上杨、下杨等四个行政村。10 月 8 日，龙游县民政局文件龙民（2013）101 号，回复姜席堰东华街道灌区用水协会发起人“关于准予筹备成立龙游县姜席堰东华街道灌区用水协会的批复”，准予协会筹备成立，业务主管单位为龙游县水利局。协会遵守国家的宪法和法律法规及经县民政局核准的章程，自觉接受县水利局、县民政局的指导、检查和监督管理。10 月 16 日召开会员代表大会表决成立“姜席堰县东华街道灌区用水协会”，下设常驻机构为本会理事会，并通过了《姜席堰东华街道灌区用水协会章程（草案）》。10 月 22 日县民政局颁发了《社会团队法人登记证书》。

2. 龙游县姜席堰龙洲街道灌区用水协会

为群众团体组织，由姜席堰龙洲街道灌区村民曾巨辉、吴毓、刘荣富、杨发祥、杨进海、吴树生、卢海强等 7 人发起申请，为

加强村民生产、生活用水的管理，要求成立姜席堰龙洲街道灌区用水协会。2014 年 3 月 13 日，龙洲街道办事处向龙游县水利局申请“关于要求成立姜席堰龙洲街道用水协会的报告”，要求成立姜席堰龙洲街道灌区用水协会，请县水利局给予批复。3 月 28 日龙游县水利局文件龙水（2014）38 号向龙洲街道办事处回复“关于同意成立姜席堰龙洲街道用水协会的批复”，同意姜席堰龙洲街道灌区用水协会筹备成立，协会管理区域为龙洲街道后田铺、寺后、大板桥、项庄、半爿月、白坂、曹家、山底、柳村、兰石、西门等 11 个行政村。5 月 5 日，龙游县民政局龙民（2014）80 号文件，回复姜席堰龙洲街道灌区用水协会发起人“关于准予筹备成立龙游县姜席堰龙洲街道灌区用水协会的批复”，准予龙游县姜席堰龙洲街道灌区用水协会筹备成立，业务主管单位为龙游县水利局。限期召开会员（代表）大会，通过章程，产生执行机构和法定代表人，申请成立登记后方可活动。协会成立登记后自觉接受县水利局、县民政局的指导、检查和监督管理。7 月 10 日召开会员代表大会表决成立“姜席堰龙洲灌区用水协会”，下设常驻机构为本会理事会，并通过了《姜席堰龙洲灌区用水协会章程（草案）》。后县民政局颁发了《社会团队法人登记证书》。

## 第四节　管理典型案例

姜席堰在管理上有建树者很多。多年来，积累许多好管理经验来，现在选取两则光绪十三年高英知县的管理实例以示为例。先看看《知县高英修姜席二堰谕并条款》。

为了修复好姜、席二堰，兴修水利，这就关系到全县的民生大事。龙游姜席堰地处灵山江大堰头段，处在山谷向平原过渡地段，落差较大，容易造成干旱。假如不加强蓄水，一旦经历了旱情，粮田就得不到灌溉，农田稻谷就容易遭受干旱，因此，修筑堰坝以蓄水，这是关系农业的第一要务。龙游县南乡的姜、席二堰，灌渠水系绵长，经历城区、官村、官潭和詹家等四个都，承荫田地以数几万亩。自从咸同之乱（太平天国运动）冲毁以来，至今尚未经过修筑，每次遇到山洪暴发，洪水冲刷，使得堰坝冲毁，而堰坝越冲越深、越冲越宽，这需要能工巧匠的工夫就越来越多。城乡绅董等人筹划审议章程，设法将该堰进行修复，使得水利设施恢复，并得以灌溉。一方面安排技术骨干人员勘察形势，另一方面查明该堰坝系于康熙年间修筑，其所需经费仍然依照以前卢县长等所商议的，依照承荫田亩摊派进行捐资。商议确定该堰坝从头到尾统一兴修，所需要经费与绅董会商，按照现有的法律法规，从长计议，使督促该项措施落实到位，以使得提议案能妥善地解决。除请求讨论章程外，允诺绅董在县城里设立堰务工程管理局（即堰工总局），同时配合列出各项条款，最终让大家了解其中的各种做法，并以公布于众。

为此，通知土客、农佃和业主等人，大家都应该知道，堰坝工程以蓄养水利为主，这是农田收成的保障。不能在堰被冲毁后，反而事不关己，高高挂起。大家要形成共识，要修好它，管好它，更何况姜、席二堰承荫田亩很多，关系到千家万户，意义重大，都应该注重及时地修复，这样遇到干旱的时候就可以蓄水了，这对于农田灌溉来说极其有利。至于所需经费，根据县里的核实估计，按照以前清康熙卢灿县长的旧的规章，由承荫各田按照每亩捐钱一百六十文，责令各地方的图董收取。随时随地缴纳送到县堰工

总局汇总，给以出示堰工总局的发票收据，等到竣工验收的时候，让经办的乡绅将修复堰坝工程的出、入细账，刊发刻印《征信录》，并且分发送给捐钱的各个承荫田户手里，用以核查收入与支出的事实。

总之，此次修筑堰坝一切事务均由绅董经手办理，一分一毫不经过堰长、副堰长和堰董的手，对本县令也仍然经常地进行稽查与监督，本该在期限之内应缴纳的务必也要缴纳。须知姜、席二堰，历史源远流长，堰坝大堤又极其深广，这是生态的水利环境，大家都不要吝啬这点小钱捐款去修复它，而且理当深谋远虑去建设它。现在筹划讨论每一亩捐助一百六十文钱，对老百姓来说虽然有一定的难度，但凡事都应该退一步想，譬如，今年年成不好倘若没有水，田间失去管理，每一亩至少少收二三斗稻谷，而且数量还会超过这个数量范围内。大家再想想，且能够这么看，大家按照原有旧办法来捐助一些资金来进行维修，不用多长时间即集腋成裘，大功就告成了，那么，这样做就有备无患了。假如坐等着，一遭遇到旱情，眼看着稻谷慢慢枯萎，又天天遇到心急如焚的事，想用别的办法来抗大旱，还得用抽水什么来救援，这才是雪上加霜，让人叫苦不迭。这些费用本来由佃户来承担，现在该项修筑堰坝的经费让业主捐资出钱，佃户却坐享其成，不劳而获。今天倡议该堰坝的承荫田亩，今后佃户应该倡议交纳租金并立定契约，按照契约约定的原来的斤两，如期如数交纳，不应该有缺斤少两，层层克扣而减少。倘如有不愿遵守的人，一旦经过业主呈送，推诿他人，即严肃提押追查，决不姑息宽容。水灾、旱灾全世界上时而有之，防患于未然，应该把此项活动提上议事日程，以免产生后患。当地业主与佃户，都是县里忠诚的客户，道理应当一视同仁，没有偏差倚重。这里有讲过头的话，也是谆谆告诫他人，并不一定是鳃鳃过虑。自从公示出了之后，无论土著、客家农民，一定各自遵照后开启章程，按照亩份踊跃捐助，毋稍拖延，且互相观望。从今天以后，发生水灾或旱灾就没有了烦恼，贫瘠的土地都成为肥沃的土壤。希望各自遵照，勿违反。特别告示！

计划开出的修筑堰坝的款项条件：

1. 修筑堰坝首先设立堰工总局。根据查实，姜、席二堰内有承荫田亩，自从一都一图至十七都一图止，计划有十余都，应该在县城里设立堰工总局，聘请绅董分别负担其职。再分别让各乡镇的每都选举出图董 1 人，分别进行查办，查漏补缺地办理相关事项，凡事都应当有专责人员去管理。

2. 筹措经费先查清承荫田亩。根据查实姜、席二堰渠系水道较远，所以承荫各户的田亩，应该通知各地庄户，按照庄户造册并送到总局，写清楚都、图内承荫各田亩分、字号及业主姓名、什么人佃租种，以便于核查清楚以利缴款。

3. 缴款数量应该核查定性。根据查实本县二亩五分为粮田一石。以此推算，俗语称作为粮田四斗，即为粮田一亩。今日参照俗例，每个粮田四斗即粮田一亩，缴钱为一百六十文，核算计量每一斗捐钱四十文，多少就以此作为推算。本县各粮田承粮科查验与本县鱼鳞图册相一致，没有一等、二等级差的区分，今天此款项也依照已划定的粮田，不论粮田好坏，总体以每四斗为一亩田并缴钱一百六十文为限。

4. 客民与寄庄捐款，应当归佃户缴措。根据查实本县内从咸同之乱以后，土著人流亡者十个居民当中有个五位居民，所有各种粮田亩分大多数佃户发包归客民承包开垦，而且该客民或迁移

居住在此的自行耕种的人也占多数。土著并不居住在此，而粮田亩分则交给别人耕种，仅仅在秋收时一来收租，又，有的人本来是土著，而所耕种粮田田产系在别的村庄，应该是寄庄。今天讨论此项修筑堰经费，除了佃户住在本图的人，则归佃户自行缴纳捐献外，到寄籍客民及寄庄业户，一概指令按照佃户注册开出粮田亩分，先行如数缴纳，再由图董转缴总局，收据再给予缴纳钱的人，以便该佃户于业主收租时执持本局收据，按照时价完整如数抵扣。倘如该佃户无力代缴，并自行向业主支付转缴，则也听从佃户的方便，以发票为证。如此，该图有粮田亩分多少、可以收纳缴钱多少，层层可以着落，自行难以影射推诿。

5. 收缴捐钱交给堰工总局收，以表示征信。根据查实修筑堰的经费，由承荫粮田亩分按照田亩缴助，钱款统一汇交堰工总局。该堰工总局在收缴之后，即填写局收，给予图董转交给缴钱之人，作为收据凭证。何户已经缴纳、何户未曾缴纳，一目了然，而且未缴纳的农户也难以推脱，可以分别催收。该局应将收、付各款项数额，按照月数张榜公告。再等事情催收完毕，收纳过什么、缴钱多少及发给何工段的价格、何段用款各多少，分别按照仔细的数量刊刻《征信录》，给予各个都图公众查看翻阅，用以明白心迹，而且断绝怀疑。

6. 各个庄户缴钱，应按照庄户责成图董催收缴纳。根据什么庄应当缴纳捐钱多少？虽然簿册核实清楚，但什么户该由什么人缴纳捐款？其人居住什么地方？堰工总局哪能晓得，应该责成图董分别催收，按照三八卯期，由图董在五日内一起到总局去汇缴。如果有拖延，先由该图董催收，假如再有催交的用户，批准由该图董去开单并填送单据送给总局，以禀报本县去追缴，以避免杜绝拖延。

7. 缴捐告示的期限。根据查实此修筑堰势在必行，缴费捐钱绝不可任其延宕。今天自从开局之日起，于九月内悉数缴纳清楚。假如有拖欠，该图董即预先讲明禀报追缴，否则他缴的钱即落实到该图董等进行垫缴，以避免停工等。

8. 经理有专人负责，期待工程完工核实。依据查清此次筑堤修堰，以姜、席二堰最为要紧，该处位于水道的要冲地段，如果堰堤不牢固，各粮田就会缺水。那么，修筑堰究竟应该多少宽广、深高？多少顺水利水的性质？什么地方应该修筑？什么地方应该修补？已经由本县延请县绅董分别担任修堰的事项，做到人尽其才，各尽其用。总的工期预算先照实安排，以做到经理不浪费，而具体经办人也应该不负众望。有些要补充的地方仍然由该乡绅等人，将其承接管理的修筑堰高深、长宽，经测绘后送地图给县里，以作为在竣工中验收的凭证。

再看看《知县高英挑挖姜、席二堰子堰谕》。

依照姜席堰作为本县南乡水利，事关本县的民生大事。因为年久失修，水口失去堰坝蓄水，严重阻碍了粮田灌溉。目前，经过城乡绅董的决议，并呈送了维修章程，请求指令并派员到现场履任勘察，又设立了堰工总局，修筑完工后将档案具报备齐全。这里根据堰工总局徐复绅董等当面禀报，以姜、席二大堰名为娘堰，以下仍然有子堰七十二条。娘堰如今已闭塞，如何挑挖，向业主申请出钱，最后离修筑堰坝经费还有一定的余额资金，没有必要继续捐资了。而子堰挑挖这自然而然地承荫田亩出资由图董雇人或出劳力进行挑挖，挑挖闭塞的子堰，一直来归结到佃户来出资，并投工投劳。最近以来，许多地方的人员投机取巧，看看有了淤

塞的地方，有利于以种植农作物为由占为已有就不挑挖了，此次按照老条款的规定必须清理出来，让故水回到故道里去了。轮到各佃户该派遣的工夫，不是迟到就是早退，或者用老弱病残来塞责应付，这些不是说受人指使，但实际上属于耽误了公事。今天公议明确每粮田分一石，摊派到佃户缴捐钱二十文，另外雇用精壮的劳动力进行挑挖，待到迅速完工为止。到了各图都应该派人，是否有多余的开挖经费，看承荫田亩缴纳的多少再分头核实派遣。如果出现捐得工夫少而田亩多，即可以少安排劳动力；如果出现捐得工夫多而田亩少，即可以多安排劳动力，酌情而定。

总之，粮田每石摊派钱二十文为限。进行开挖的时候，要有监工督促，尽量避免草率了事，所有的监工者，则按雇用工、劳动力进行伙食开销，不应该让枵腹的人来担当这项工作。请求各图的人按照指令来估算劳动力，认真落实有人办事，有章理事。这里有一事大家注意，经过审查开挖子堰的民工，原系由各图的粮田而按亩分摊，当前春耕生产开始，自己要根据自己的适宜安排及时调整、统筹安排，二者合行通告谕此。通告到该此民生的事务，迅速会同各图董，如经理子堰的劳力与事情，赶紧早早将娘堰及子堰等想办设法挑挖。什么图应该需要工程多少？应该收取经费多少？预先需确切地估计清楚。此令遵照执行！如有淤塞已经被他人抢占种植的人，教育他务必当场对农作物进行割除，指令他依照原有的老办法清理出来，再由该地方民生事务的监督工马上组织劳动力，挑挖到原有深度和广度，且水利可以畅通并荫注为止。倘如有人恃强蛮横而不遵守照会的，对故意违反公共议事的人，立即讲明事情的前因后果，并禀报于本县政府，提取凭证以追究法律责任。该处的百姓进行民生公议，随时将收支的各个款项，分别具开据单、呈报送到局，在街上衢旁张榜公示，让大家心知肚明，用舆论监督，以明了心旅历程。希望各自遵守执行，不得违犯。切记！特别告示。

通过两件事说明，姜席堰历史上都有善政者作为，他们以查处歪风邪气，从舆论监督到法律监督，有条不紊。高英知县属善政者，他充分地听取了民意：开始修堰，修堰先设堰工总局，先设局后则制定各项规章，费用该怎么收？如何收？谁来收？等问题都一一做了解答。他认为收费要有据可依，清代康熙年的鱼鳞册资料，也是卢灿前县令定下的最完整的资料，是这次收费的重要依据。要减少腐败应该“不假胥吏之手”，所以他就明确由图董催收，五日一交，一律由佃户交纳水费，假如一有拖延则由客民和寄庄代缴费，再无下落以图董垫付，由堰工总局汇总，刊刻征信录，每走一步，环环相扣。过了一年，再落实 72 子堰的清淤，又遇到假公济私的行为。他抵制长期乱占河道的违法行为，请大家举报这类事件，并严厉打击这种行为，以零容忍的态度严惩不贷。他的行为是和善的，也是很严肃的，他广开言路，听取群众意见，也敢于叫板，抵制一些坏人坏事。难怪俞曲园在他的实政录里就说：“实政记者，记实也。……功令所禁者，德政碑也。此所记者，实政也。”把高英的实政记叙得有情有理、有节有制、有实政也，最后说：“于是邑人聚谋，使旧史氏俞樾文而刻之石……乃就龙人所言，次弟其事，粗加条理，以告后之官斯土者……无虚语，无溢辞。”

就这是高英的实政记，姜席堰的历史上有许许多多如此像高英这样的知县、施政者，为人民的事业，鞠躬尽瘁，死而后已。

## 第五节　管理机制及其运作

姜席堰自元至顺年间修建以来，一直十分重视维修管理保护，为历代地方官最重视的实政事项，采取“官督民办”的管理方式，这种官方与民间管理的结合，一直延续至今，保证了水利工程的可持续发展。有整套行之有效的管理体系，包括组织机构、管理人员、规章制度、经费来源等。组织机构，前后设有堰董会、堰工局和管理委员会等。

### 一、政府“官督”

根据文献的记载，在长期的运行实践中，形成和完善了一整套行之有效的“官督”管理体系。

**（一）组织领导，牵头建立运行的自治机构**

从姜席堰兴建到现代的管理机构可以看出，根据年代不同，组织管理机构从明代堰董会、堰长制，清代的堰务会、堰工局，到民国时期堰管理委员会、堰农田灌溉利用合作社，再到新中国成立以后的堰管理委员会、堰灌溉协会，最后到现今的堰用水协会等等。不管名称如何变化，但都遵循“一切管理事宜均由四区董事以及荫注二堰水利之农民，共同担任”。既然农民是水利的主体，那么，姜席堰由原系城区、五都詹区、官潭区、官村区四区，即现在的龙洲、东华两街道办事处，詹家镇这“二街道一镇”的农民当家做主，享有高度堰务自主和自治的权力。那么“官督”的职责就是政府负责成立与监督各时期运行管理组织机构的设立与运作，牵头召开堰灌区农民代表大会，选举产生堰董会、堰务会、管委会等等，使之在县长领导下正常运行，见图 3–5。

**（二）重大保障，介入水毁工程和治安案件的督办**

作为典型的山溪性河流，又是亚热带季风湿润气候，姜席堰所在的灵山江，水源荣枯期相当明显，每年的梅雨季节，河水暴涨暴聚，容易形成较大的水毁灾害。这时，就应由县级政府进行督办督查。在县级政府及领导的支持下，重大水毁工程都由主管领导亲自督阵。根据实事求是的原则，广泛发动群众“富者输财，贫者效力”，使之短期内完成对水毁工程的水利修复。另外遇到人为对姜席堰本体的破坏，或对附属工程、灌溉工程的破坏行为，由县政府抓紧督办，从重从快查处或惩办各类事件。如民国三十五年（公元 1946 年）6 月 7 日，董林春等 21 人联名向县政府写信指控“堰长胡东柱不知堰事、管理不善、堰务废弛、以堰谋私，要求整顿改革姜席堰管委会”。同年 8 月 24 日，欧阳羊古从大堰滩头砍伐护堰杨木 70 担做柴火受到举报，时任县长周俊甫手令警察局长亲自督办，从重从速办理各类与工程相关的事件和案件。表现“官督”责任不推不诿，保障有力而高效。

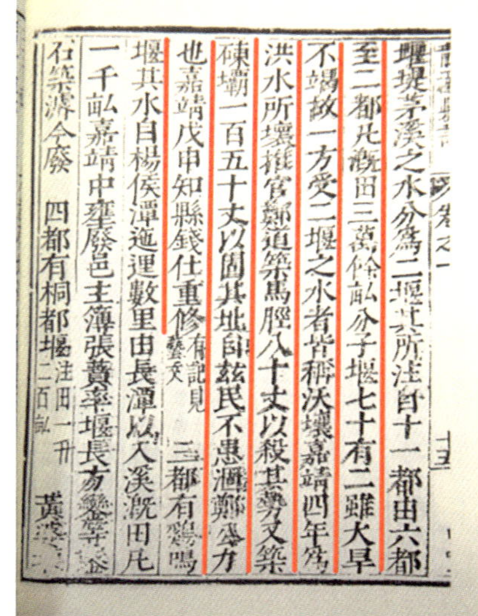
堰堤茅溪之水分為二堰其所注自十一都由六都
至二都凡溉田三萬餘畝分子堰七十有二雖大旱
不竭故一方受二堰之水者皆稱沃壤嘉靖四年為
洪水所壞推官鄭道築馬脛八十丈以殺其勢又築
磚壩一百五十丈以固其址自茲民不患[illegible]鄭公力
也嘉靖戊申知縣錢仕重修有記見藝文　三都有鷄鳴
堰其水自楊侯潭迤運數里由長潭以入溪溉田凡
一千畝嘉靖中[illegible]邑主簿張贊率堰長方鑾等
石築瀝今廢　四都有桐都堰注田一千二百畝　黃

图 3–5　明万历壬子《龙游县志》关于姜席堰的记载（县史志研究室供图）

**（三）公布规章，参与对流域大事和事务的管理**

姜席堰所处的灵山江，主流长度长，流域面积大，落差高，

涉及人口多，平均降雨量1730.4毫米，径流量20.8立方米/秒，年来水总量6.12亿立方米。姜席堰除了承担灌溉和城市用水以外，还承担社会交通和货物装载运输的功能。这就需要官方督办和指导。

1. 加强开堰与封堰管理

历史虽有上下不同的时间变化，但基本上沿袭每年六月朔日即六月初一封堰，开始蓄水确保农田灌溉，封堰期间，舟筏经过，需在堰伕管理协调下进行，在确保灌田的前提下，收取适当的运维费用。每年的秋分后十天开堰，清除堰口之封栏板，打开堰口，让水从堰口出入，在不破坏周边设施条件下任意通行，说明农田灌溉与运输矛盾得以解决。这些都必须由县政府布告执行。

2. 重视巡查工作

姜席堰修建，汛期的防洪运维，及灌区的用水抗旱，县衙、县政府重视采取巡查制。巡查时间每朝县令各不相同，明崇祯黄大鹏县令巡查“力反前之所为，屏去仪卫，时乘肩舆巡行道上，一役携食箱随行，月恒三四至，周履堰坝，验视渗漏，呼工补塞，不使滴水泄于大河”。注重旱情与灌溉的协调，灌区所辖四个流域，除姜村堰、席村堰母堰外，还有灌区的72条子堰，灌溉面积不一，落差也不一，容易引发农民用水的纠纷，弄不好还会引发群体性的械斗。这时，县政府的主要领导及部门必须全力以赴，深入基层，了解民情，妥善且及时调处灌区农用水的各种矛盾。

3. 确保引水入城

明末清初，姜席堰水全面引城入濠，已成为城区百姓生活的必需，生产与生活的用水随时会有矛盾冲突。这时，必须由县政府统筹协调，最大限度地减缓两者之间的矛盾。这需要扎实的工作作风、务实和果断的工作胆魄，才能游刃有余地化解矛盾。这些离不开县衙、县政府及领导的“官督治理”制度，大事已定，谋定而后动。官督加快了治理效率，这是自治成功的基础所在。

## 二、民办“自治”

官督的有力促进了民办的有效，民办的务实加快了自治的落地，这是姜席堰长期运行的实践总结。

### （一）堰长，履行责任主体

龙游姜席堰的堰长制最早出现在明嘉靖县令钱仕《重修姜村席村二堰记》文献记载中，也是浙江省内较早比较明确记载的文献资料。现代管理中的河长制首创于浙江省，普及于全中国，这是有历史渊源的，堰长制是河长制的前世。堰长对堰的管理负总责。主要职责就是决策主张的参谋提拟，听取群众意见并汇总，承上启下交办协调各项工作，制度执行公开、公正、公平，重大事项和突发性事件中率先垂范等等。堰长是由董事会选举的，在历史上任期不等，见图 3-6。

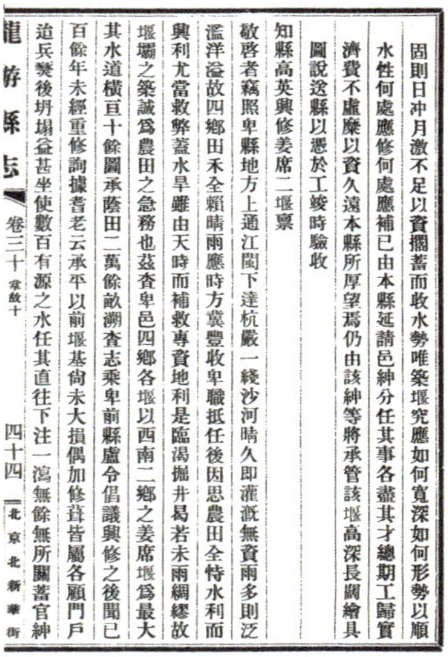

### （二）堰务日常运行，保证堰务畅通

抓堰务的日常管理上，堰长与副堰长是主抓日常管理的。首先抓渠首枢纽的日常维护，包括开堰、封堰的日常事务，实行堰伕的调配。对堰坝的看守和平时修理及维护。

固則日冲月激不足以資攔蓄而收水勢唯築堰究應如何寬深如何形勢以順
水性何處應修何處應補已由本縣延請邑紳分任其事各盡其才總期工歸實
濟費不虛糜以資久遠本縣所厚望焉仍由該紳等將承管該堰高深長闊繪具
圖說送縣以憑於工竣時驗收
知縣高英興修姜席二堰稟
敬啓者竊照卑縣地方上通江閩下達杭嚴一綫沙河晴久即灌溉無資雨多則泛
濫洋溢故四鄉田禾全賴晴雨應時方冀豐收卑職抵任後因思農田全恃水利而
興利尤當救弊蓋水旱雖由天時而補救專資地利是臨渴掘井曷若未雨綢繆故
堰壩之築誠爲農田之急務也茲查卑邑四鄉各堰以西南二鄉之姜席堰爲最大
其水道橫亘十餘圖承蔭田二萬餘畝溯查志乘卑前縣盧令倡議興修之後閱已
百餘年未經重修詢據耆老云承平以前堰基尚未大損偶加修葺皆屬各顧門戶
迨兵燹後坍塌益甚坐使數百有源之水任其直往下注一瀉無餘無所關蓄官紳
龍游縣志　卷三十　掌故十　四十四　北京北新華街

图 3-6　民国《龙游县志》关于姜席堰的记载（县史志研究室供图）

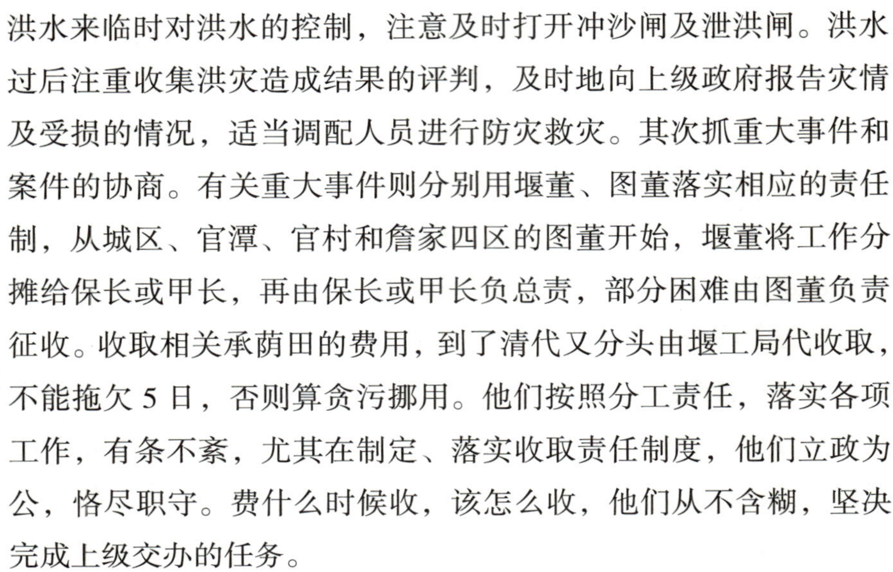

洪水来临时对洪水的控制，注意及时打开冲沙闸及泄洪闸。洪水过后注重收集洪灾造成结果的评判，及时地向上级政府报告灾情及受损的情况，适当调配人员进行防灾救灾。其次抓重大事件和案件的协商。有关重大事件则分别用堰董、图董落实相应的责任制，从城区、官潭、官村和詹家四区的图董开始，堰董将工作分摊给保长或甲长，再由保长或甲长负总责，部分困难由图董负责征收。收取相关承荫田的费用，到了清代又分头由堰工局代收取，不能拖欠 5 日，否则算贪污挪用。他们按照分工责任，落实各项工作，有条不紊，尤其在制定、落实收取责任制度，他们立政为公，恪尽职守。费什么时候收，该怎么收，他们从不含糊，坚决完成上级交办的任务。

**（三）岁修制度，保证修缮工程到位**

明嘉靖推官扬州郑道、知县钱仕，明万历年知县涂杰，明崇祯年知县黄大鹏，清康熙年知县卢灿、徐起岩等，清光绪知县高英。民国章程记载：“凡有姜席堰之支堰，于农隙之际，按年须召集各区荫注田亩农民疏浚一次。”新中国成立后各级干部发动农民年年整饬、修复和清淤，大兴冬修农田水利设施。这种年年岁岁沿袭的自觉行动，确保姜席堰灌区灌溉流畅。这种岁修制度，每年都实际上进行一次，新中国成立后又组织冬修水利，修堰、砌筑和疏浚一次，关于修堰时期投工投劳，他们都分级责任落实。

**（四）确保《征信录》的刊刻**

根据收支经费情况，是保证图董汇缴经费时间与质量，提高经费收支运行效率，减少贪腐和挪用环节，及时公开收缴承荫田的经费，保障了阳光财务。光绪年高英知县让堰工局收费并刊刻《征信录》，让百姓放心。这项意见是由绅士徐复等提出的，他认为是对的，有利于工作开展，“分散出给缴捐各花户，以明心迹。”可见，《征信录》的目的是取信于民，为了减少贪污挪用，实施财务透明并公开。由此可见，民主管理、阳光财务的动力来自百姓，实现财务公开，提高经费使用的透明度。现有记载乡绅徐复是这项制度的创始人，而高英县长是这项制度实操者。阳光财务折射出阳光政府，对各项工作产生了极大的影响。

## 第六节　堰功春秋

姜席堰从兴建到历次维修、加固及管理，有不少官吏和有识之士，以“国以民为本、民以食为天，食重则农重、农重则水利重，倚水兴堰、堰兴百业”的理想和信念。有的躬亲相度，建堰为民；有的勘明形势，累石百堵；有的明白晓谕，实政惠民；有的恪守尽职，阜殖生民；有的十年一日，操劳护堰；有的调节灌水，不辞劳瘁。上至官长，下及黎民，为姜席堰的堰坝安全和灌区合理用水，做出了不朽的成绩。为了彰显历代治理姜席堰有功之士，摘录堰功于后。

1. 达鲁花赤察儿可马

木速蛮人。元至顺年间（公元1330—1333年）任龙游达鲁花赤（县令），“廉干便民，召父老开辟田野，示之以法，均赋役，清隐占。”为解决龙游十七都、十一都、六都至二都，即今寺后、西门、詹家农田灌溉用水，“导处州源之水，筑席村堰，其所注自十一都、六都至二都，溉田二万余亩，虽大旱不竭。”亲躬勘察，规划兴建席堰，历时三年完工。“筑席村鸡鸣二堰，皆亲督其成。召至，民不忍其去。”作为龙游乃至全省有名古堰之一，其效益

经历元、明、清、民国及新中国近700年，至今不衰，察儿可马堪称龙游县治水先锋。

2. 知县钱仕

字忠甫，江陵人，进士，明嘉靖二十四年任知县。为人守己刚果，不为势夺。时江山有士人为仇陷杀人，郡坐抵罪。檄仕勘鞫，得其诬立宥之。吏曰“此上官意”，仕叱曰：“杀人以媚人，吾不为也！”龙游民俗轻死，动辄自经，仕令坐其家属，民始知畏。“又修姜村席村两堰，屡兴大役，民未尝以为劳也。”

3. 知县涂杰

字汝高，号念东，南昌人，嘉靖间进士，隆庆五年（公元1571年）任。“搜剔吏弊，以严为主；抚恤民瘼，以宽为主；作兴士类，以教化为主。”修鸡鸣及姜村、席村堰。又延余湘、童珮重修县志，并刊有《甘霖集》《循良编》。在任六年，迁御史去，民勒石追思之。熹宗时，赠太常少卿。

4. 知县黄大鹏

“字搏子，建阳人，进士，崇祯十三年（公元1640年）任。操行廉洁，锐意为民兴利。县南姜村、席村两堰水利最大。每六月朔封堰，知县莅视，多带驺从，略一省视即去，堰长供张上食惟谨，视为具文。大鹏至，力反前之所为。屏去仪卫，时巡行道上，一役携食具随行，月恒三四至，周履堰坝验视渗漏，呼工补塞，并禁竹木过往，至八月秋稼告成始许开坝。又以席村堰溪低而堰颈高，水阻不能下，巧黠者竞窃上堰水，觊分余润，致水利不给。乃废旧口，别开一窦。复捐俸易民田，浚为堰凡一百数十丈，别置田，以其租完民粮焉。”黄大鹏深得龙游先民爱戴，因其无子，当时百姓在县城北门新桥头建了一座百子桥，桥头堡建一座百子阁，以安慰、颂扬他，此景传为佳话。

5. 知县卢灿

"字孟辉，号维庵，海城人，监生，康熙十三年（公元 1674 年）七月任……十七年（公元 1678 年）三月，以漕粮诖误去，父老闻之，号呼扶辕泣留至再。督抚乃会疏，以贤能保留。十一月，特旨复任。于是修浚席村、姜村两堰，改筑北泽堰口于上流，并捐俸亲董其成，风雨烈日不为少懈。堰成，士民颂其功，以灿无子，更其名曰'百子堰'，以祝之。又以康熙三年所造地亩鱼鳞册，经耿精忠之乱遗失不全。乃履亩挨丈，造具清单，分给业户，以杜重叠盗卖之弊，于是民间授受产业，咸有可据。先是，清初赋役之外，每多私派，私派恒于现年名下追取种种苛求，有因值一现年而破家者，是为现年之弊。而每年催征条粮，设有现役催比，每一下乡为之骚然，遂有各项陋规，需索无已，是为图差之弊。至是，灿乃详请禁革，征收钱粮另立滚单，开明每户该条银几何，令其按期输纳，后期者然后摘比。人民乐其简易不扰，输将恐后，于是遂并私派陋规之本源而去之矣……聘余恂纂修县志，善政善教盖不胜书。二十二年卒于官，士民追思至今，几三百年犹未替也。"

6. 知县高英

"字与卿，江宁人，由监生投效军营，以军功保至知县，光绪十二年（公元 1886 年）十一月任龙游知县。甫下车，安善良，刑强暴，编保甲，禁花会，并严革聚赌、宰牛诸弊。尤善决狱，发奸擿伏咸颂神明。设从善堂，使屠户纳钱，岁入其息以为公费。凡遇命案，则轻车减从以往，而以此款为相验夫役工食之资，不扰民也。姜席两堰兵燹后久失修，英时时微行察民间疾苦，是年

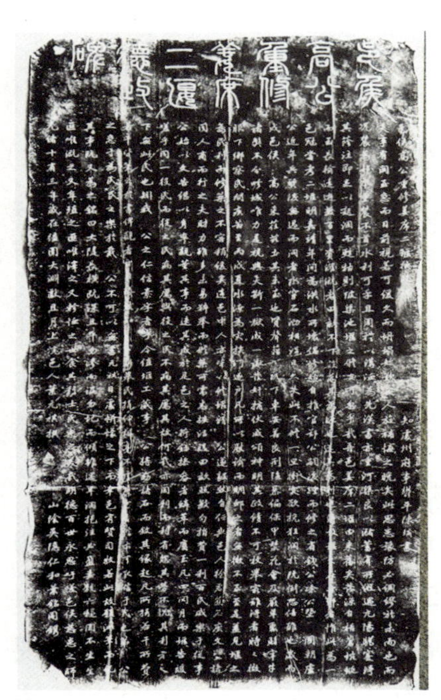

图 3–7 邑侯高公重修姜席堰德政碑
（县史志研究室供图）

夏大水，沿门逐户慰恤备至。遂觉此堰之为民利而修筑之不容缓，乃踵前知县卢灿旧政，凡民受沾溉者悉令出资，约赋十之二，民捐绅办，丝毫不假吏胥手。九月兴工，亲至其地，劳者慰之，惰者斥之，输费不力者婉导而董戒之，凡四阅月告成，而大利遂以修。更为详定章程，筹定堆金，以维久远，至今犹利赖之。”十五年正月，迁杭州东塘海防同知去。士民讴歌立石，以纪其绩，德清俞樾为之《记》，见图 3–7。

7. 专家何之泰

字叔通，詹家水亭圩村（现后厅村）人。1918 年入杭州安定中学，1926 年河海工科大学毕业后，任钱塘江水利局技正。1930 年考取庚子赔款公费生留学美国，获康乃尔大学土木工程硕士、爱荷华大学水利工程博士学位。1933 年回国，历任中央大学、北洋工学院教授，全国经济委员会水利处技正，浙江省水利局局长。1938 年 7 月后任湖南大学教授、水利系主任，后任湖南大学工学院院长、代理校长，兼中国水利工程学会董事会董事、长江分会会长，长沙省立工业专科学校、克强学院系主任，南京长江水利工程总局顾问等职。1950 年随湖南大学水利系合并武汉大学，任水利系主任。7 月，任长江水利委员会副总工程师，8 月受聘为汉江治本委员会委员。1957 年起，任长江水利水电科学研究院院长，长期担任湖北省水利学会理事长，全国政协二、三、四届委员。1970 年 3 月因脑出血在武汉逝世。解放前，两次拒绝参加国民党。1956 年 7 月加入中国共产党。自奉甚严，组织分配一套三层住宅，让出一层和三层，退还所配置的沙发、电扇。妻子患病生活不能自理，他亲自承担家务、教育子女的琐事。30 年代初，龙游后厅村一带土地因受芝溪河阻隔，不能引用姜席堰西干渠之水。何之泰采用倒虹吸原理，把包棕衣毛竹筒当水管穿越河底，使堰水越河灌溉。今仍在家乡传作佳话。

8. 主任叶志芳

龙游县城西门村人。1951 年灌区推荐其为姜席堰管理委员会主任。他不顾年老，携带铺盖，常驻姜席堰"堰神庙"内，专司姜席堰的管理工作。春季防洪、夏季抗旱、秋季收费、冬季疏浚堰渠，年复一年，兢兢业业，七年如一日。在其管理期间，勤俭办事业，制定合理负担政策，本着"量出为入，略有节余"的原则，依靠群众，建立用水管理、水费征收及工程养护维修制度。每到旱季用水高峰期，他不顾劳累，沿渠查看，按照上下游兼顾的乡规民约，公平合理分水。汛期洪水损毁的工程，他都及时组织抢修，小损小修，大损大修，从不马虎，使堰渠始终保持完好。同时每年按时公布费用开支，接受群众监督，取信于民。他勘察渠线，熟悉地形，提出合理化建议，使 500 亩水田由提水灌溉变为自流灌溉，每年节约车水劳力近 2 万工。为了防范洪水对姜席堰的侵袭，组织开发堰址旁的 50 余亩沙洲，种植防洪林，巩固堰坝。由于管理姜席堰有方，群众口碑载道。1963 年，姜席堰管委会被评为"浙江省水利管理先进单位"。

# 第七节　龙洲问水处

龙洲街道位于县境中部，以境内龙洲塔及龙洲公园得名，是灵山江姜席堰分水、灌溉和引水入城的地方。包括县城灵山江以西区域及部分城郊农村，县城的主体部分均在其范围内，历史上一直为龙游县治所在地，是全县政治、文化、经济中心。东与东华街道隔灵山江为邻，南连溪口镇，西与詹家镇接壤，北与小南海镇隔衢江相望。衢江从西向东横贯境北，灵山江自南而北傍境东而过汇入衢江，地貌以平原为主，也有部分丘陵和山地。面积62.3平方千米，人口27483户96762人，其中城镇居民41509人，占全县非农业人口的67.05%。2020年地区总产值84.6亿元，同比增长0.9%，其中规上工业产值19.7亿元。城乡居民平均可支配收入5.21万元，同比增长5.5%，全年实现一般公共财政收入4620万元，一般公共财政支出6500万元。街道办事处驻县城龙翔路539号，设城中、寺后、官潭3个农村工作站，辖20个行政村、7个社区居民委员会，有村民小组225个、居民小组36个。

清时分属城区及太平乡、立德乡、善化乡、灵山乡，民国时分属城区镇及詹家乡、官潭乡、官村乡。1950年，分属城关区、寺后乡、官潭乡。1956年，分属城关镇、寺后乡。1958年9月，为灯塔（龙游）人民公社城关大队、白畈大队、官潭大队。1959年7月，从城关大队析设城关乡级镇，12月改为区级镇。1960年，设龙游管理区、寺后管理区、官潭管理区，属龙游人民公社。1961年，分属龙游镇和龙游区的寺后公社、龙游公社。1984年1月，分属龙游镇和龙游区的寺后乡、官潭乡。1992年5月，撤龙游区，并原属龙游区的寺后乡、上圩头乡入龙游镇。2005 年 12 月，由龙游镇的灵山江以西区域加上原官潭乡，组建为龙洲街道。

历史上素为全县交通枢纽，也是对外交流门户所在，驿路、官道和衢江航道、灵山江水路在此交汇。现有 46 省道和浙赣铁路横贯东西，龙丽高速穿境而过，320 国道旁境而行，县乡公路四通八达，村村通水泥公路，设火车客运站、公交客运中心。历史上在灵山江筑堰坝引水灌溉，有姜村堰、席村堰等堰坝设施 8 处，有较好的灌溉条件。现有小（2）型水库 1 座，山塘 11 处，蓄水量 51.21 万立方米；沿衢江有电灌站 3 处，装机 280 千瓦；乌溪江引水渠道横贯东西，进一步保证灌溉水源，旱灾威胁基本解除。因地处衢江、灵山江流域，历史上洪涝频仍。1993 年后，随着“三江治理”（钱塘江中上游衢江、婺江、兰江治理标准堤建设）工程的开展，洪涝灾害基本解除。先后建有小型水电站 3 座，装机 665 千瓦。

1. 工业

历史上手工业发达，有酿造、香烛、纸伞、印染、纺织等作坊。1956 年，组建篾业、木业、铁业、石作等手工业生产合作社。1978 年村村通电，办起粮食加工厂，城郊、寺后等地建社办农机修配厂和拖拉机站。进入 20 世纪 80 年代，工业发展速度加快，寺后第二砖瓦厂、龙游第一砖瓦厂、龙游第二砖瓦厂、塑料复合厂、电镀厂等乡镇企业相继创办，乡镇企业在县内处于领先地位。2002 年建灵江工业区块，至 2005 年入园企业 34 家，其中规模以上企业 13 家，年产值 5.65 亿元。2005 年，工业企业 368 家，其中规模企业 27 家，以电子、织造、食品等为主，工业总产值 11.7 亿元。2020 年规模以上工业企业总产值 19.7 亿元。

2. 农业

耕地 1345 公顷，林地 2744 公顷，均以水稻种植为主。2000 年以来，深化产业结构调整，建黄花梨、西瓜、笋竹、精品茶叶、无性系良种茶叶等种植基地，有龙游县联星养猪专业合作社、龙游金棠梨业合作社等 11 个专业合作社。2020 年，粮食产量 9578.3 吨，油菜籽产量 335.2 吨，蔬菜产量 4200 吨，茶叶产量 138.6 吨，柑橘产量 594.6 吨，黄花梨产量 4560 吨；淡水鱼产量 355 吨，生猪年内出栏 23407 头，年末存栏 18791 头，家禽年内出栏 13.92 万羽，年末存栏 13.92 万羽，家禽养殖在乡镇街道中排名第 3 位。农业总产值 6314 万元。

3. 社会事业

街道属初级中学 1 所，班级 15 个，教师 43 人，学生 909 人；小学 4 所，班级 32 个，教师 67 人，学生 1008 人；幼儿园 21 所，幼儿教师 58 人，入园幼儿 471 人。街道卫生院 1 所，医务人员 14 人。参加农村新型合作医疗 25003 人，参保率 102.43%。享受最低生活保障 736 户 1191 人，年保障金 97 万余元。农村“五保”（保吃、保穿、保医、保住、保葬）和城镇“三无”（无生活来源、无劳动能力、无法定赡养人）对象 50 余人，入住敬老院集中供养。

4. 姜席堰所在村庄

遗产所在区域涉及龙洲街道、东华街道及詹家镇所辖的 21 个行政村，是龙游县政治、经济、文化的核心，经济门类齐全。辖区内有龙游县开发较早的“灵江工业园区”、交易城以及县政府各部门。姜席堰渠道枢纽主要在堰上游的洪呈村和堰下游的后田铺村。姜堰堰址在洪呈村，位于街道办事处驻地西南 8.54 千米，东至东华街道官村村，南至渡贤头村，西至官潭村，北至灵山江，地处平原半山区，海拔70米至458米。区域面积5.67平方千米，其中耕地69公顷，林地438.33公顷，辖12自然村、7村民小组，311户855人，汉族，杂姓。以村委会驻地洪呈得名。1948年属官潭乡，1950年仍属官潭乡，1956年2月后属寺后乡；1958年9月始为洪呈生产队，属方坦大队，1959年2月后改属官潭大队；1961年7月后为洪呈生产大队，属寺后公社；1984年1月政社分设后为洪呈村，属官潭乡；1992年5月撤区扩镇并乡后仍属官潭乡，2005年12月划归龙洲街道。席堰堰址在后田铺村，位于街道办事处驻地南7.5千米，东、南至灵山江，西至徐呈村，北至大板桥村，海拔60米至253米。区域面积2.15平方千米，其中耕地83.87公顷，林地57.8公顷，辖9个自然村、12个村民小组，358户929人，畲族20余人，余皆为汉族。以村委会驻地后田铺得名。1948年属官村乡，1949年8月始属寺后乡，1956年仍属寺后乡；1958年9月始为后田铺生产队，属白坂大队，1959年2月后改属寺后大队；1961年7月后为后田铺生产大队，属寺后公社；1984年1月政社分设后为后田铺村，属寺后乡；1992年撤区扩镇并乡后并入龙游镇，2005年12月划归龙洲街道。两村皆以农业为主，山地开发种植大量的经济植物及经济林，以蔬菜、毛竹、茶叶、柑橘、黄花梨等为主；畜牧业以规模养猪、养鸡为主。近年来，后田铺村还发展特种水产养殖，人工养殖泥鳅，富有特色。姜席堰上游以竹木林业为重，下游以种植业为重，水稻种植面积大，基本实行两熟制，单产高。灌区内农林业、养殖业、渔业十分发达，寺后畈龙和渔业实现高科技养青鱼，单位面积出产量和效益已领先世界先进水平。

# 第四章　灌区社会

历史上的龙游是以种植水稻为主的农业县，灌溉发展史与其文明史相匹配。姜席堰处于特有的自然地理环境，其灌溉功能成为龙游农业经济发展的基础支撑，灌溉工程的保护，不仅是水利文化和品牌意识的保护，更具有经济效益的意义。全世界的水利，区域差异很大，水利方式和水利工具千差万别，长期积累有效的社会管理，成为历史的经典而历久弥新。历朝历代的治水官吏和能人，深深地感染着人并激励着人，这些都成为遗产衍生的重要的部分。

## 第一节　灌区区域特色

龙游人素有“农务勤，治无隙地，工不务淫巧”的勤俭传统，人们力穑耕作，或经营工匠技艺，辛苦劳作，基本处于“民无儋石之储，士有襟肘之叹”的状态。太平年景尚能温饱度日，有的也能稍有积蓄，遇上自然灾害或社会动乱，生活便将陷于绝境，如此循环往复。水利关乎农业，关乎经济，关乎能否呈太平年景。因姜席堰引水量大，除灌溉农田之外，还可以以粮油加工和以水提水的水能利用，既为当地百姓提供了方便，也取得一定的经济收益。龙游县古县城基本格局形成于明代，引用姜席堰渠水绕城入濠，蓄水以备火灾，引水入城，提高了县城的城防能力，极大方便城内居民的生产生活，水道布局成为古城重要的组成部分。

## 一、稻作的高产

古代灵山港沿岸有众多大大小小的堰坝，用于保障沿岸农田的灌溉，姜席堰是灵山港沿岸保存完整、具有代表性的灌溉工程，代表了金衢盆地古代水利科技的高水平，是古代山区河流引水灌溉工程的典范，它的建成使其灌区 3.5 万余亩粮田得以自流灌溉，旱涝保收，使灌区成为龙游县乃至金衢盆地最著名的粮仓之一。姜席堰对农业发展起了决定性的作用。清康熙时期，知县卢灿造鱼鳞册实行收费制度，到了光绪十二年高英重新造册征收水费，还是每亩一百六十文，这么长时间，收费标准不变。民国时期，靠近堰渠但高于渠水水面不能自流灌溉的土地，生产实践中大量推广了筒车、龙骨水车、牛车等提水工具，一些旱地成了水田，增加了稻作面积，灌区面积相继扩大。1950 年土地改革基本结束，国家开始征收农业税，龙游县开展查田定产，土地按水利、土质等条件，划分三类，农业税按三类税率计征，寺后、西门畈全部划为一类土地，按最高税率计征，对国家贡献增大。1954 年，寺后农场始种双季稻成功，1955 年全面推广，产量骤增，寺后畈成了远近闻名的“粮仓”及鱼米之乡。到龙游复县的 1983 年，姜席堰渠水浇灌了寺后公社、龙游镇及詹家公社的 19 个行政村（大队）38013 亩农田，颗粒满仓的粮食给全县经济发展提供了最重要的物质保障。据不完全统计，寺后大畈成了稻作高产区，每亩田收入一般比其他畈高二十斤至三十斤不等。进入二十一世纪以来，灌区内除传统的水稻种植之外，发展泥鳅、西湖醋鱼等水产特色养殖，

大面积棚栽蔬菜、特色水果等，以提高亩产经济效益，见图 4–1。

图 4–1　稻作的高产（县地方志学会供图）

## 二、城乡的融合

姜席堰持续发挥效益近千年，充分发挥灌溉效益。还具有防洪、通航、城区供水和生态等多重功用，为下游城区提供生活、景观用水，县城龙游人用它运输、用它洗涤、用它装点景观，并为龙游商帮形成发展提供便利的交通条件，改善了金衢盆地的水资源空间，保障了城乡生态环境质量的稳定性，吸引了大批游客前来观光旅游，具有综合利用的特征。国务院批准龙游恢复县制，县城规模扩大，交通快速发展，加之改革开放后工商企业的蓬勃兴起，县城西、北方向的西门畈及北门外农田与城市融为一体，寺后畈北缘的农田也与城市融合。县城面积得到了扩张，社会得到了发展，火车站被东方广场所替代，商业发生蝶变，城乡发生融合。各种房地产也在这时出现了耀变，随着香格里拉、华都首府、悦府，还有印江南、龙都绵城等耀眼登场，大型广场东方广场也响亮登场。

铁路南移加快城市的变迁，也促进商业的大融合。

## 三、文化的先进

姜席堰涵盖完备的灌溉工程体系、水利科技体系和管理制度体系。水工文化“牛栏仓”结构贴上浙江龙游的标签，具有代表性，与自然生态环境和社会经济文化紧密融合，超越单纯水利工程范畴。社会管理的先进性，使得文化遗产和管理机构具有独特的魅力。工程遗产仍处在发展演变过程中，工程体系、技术体系与灌区自然环境和社会经济联动发展，古代工程设施、相关文化遗存、遗迹与现代工程设施并存，复杂多样，水利文化和活动持续积淀不断发展，具有文化的个性，龙和渔业码头和先进的农业科创院都赋予文化的内涵，跑道养鱼贴上科技的符号，塘、料、鱼、肥都贴上生态养鱼的个性，干塘节、蹭塘节、网鱼节等贴上人与渔的一种和谐与趣味，这是一部史诗，这是一部流淌的历史。

## 四、管理的传承

遗产持续运行692年，屡遭冲毁又经过数百次大小维修，工程体系渐趋完备，管理制度逐渐成熟，至今仍保持着古代的形制，并发挥着重要的灌溉、防洪和供水效益。工程遗产随着历史发展不断演变、完善，展现出清晰的水利科学技术演进历程，以“政府主导、公众参与”为核心的管理模式延续至今，沿袭近千年的承荫田制、完善的岁修制等工程维护和灌溉用水制度始终与时俱进，水利工程体系与自然生态环境和社会经济文化和谐互动，使之成为工程遗产可持续发展的基本支撑。如今，灌区的农业已丰富多彩，稻浪滚滚，鱼跃人欢，垂钓休闲的场景随处可见，传统

的管理模式在这里蜕变。

## 第二节 灌区人文资源

姜席堰灌区内人文与景观丰富。岑山、龙山皆为龙游县著名风景名胜；乌溪江引水工程大跨度引水渡槽，横跨于姜席堰下游的灵山江上，古今水利工程交相辉映；灌区专门设立浙江省级现代农业园区，其中有省气象试验农业中心；龙和渔业观光园、国际垂钓中心等现代渔业高效项目。灌区内现有省级文保单位 1 个，县文保单位 5 处，县文保点 9 处，其中有古建筑，也有古窑址、古墓葬等，门类齐全。距今 9400 年的青碓新石器遗址就位于灌区寺后村和尚碓自然村，占地面积 220 亩，核心区 100 亩，考古发现了钱塘江流域早期栽培水稻，发掘出大量的石磨盘、石磨棒、砍凿石器和夹炭红衣陶器等，奠定了浙西文明发源地的基础。

### 一、稻作的起源地

2010 年 8 月 22 日开始，浙江省文物考古研究所与龙游县博物馆对龙游县境内的衢江、灵山港流域进行新石器时代遗址的考古调查，发现了青碓新石器时代早期遗址，是龙游县境内年代最久远，也是浙江省境内保存最完好的新石器时期遗址，青碓遗址比河姆渡稻谷文化提前了 2000 年，比良渚文化提前了 4000 多年。

**（一）青碓遗址发掘及出土的陶器遗址**

位于龙游县姜席堰灌溉区内，龙洲街道寺后村和尚堆自然村 500 米处，灵山江西岸，海拔 50 多米。所在位置原有一个相对高度约 2.5 米的土丘，土丘在数十年中已基本夷为平地，尽管遭到破坏，但早期遗址依然有所保存。在考古调查过程中，一共选择了两个探坑进行发掘，分别为ST1和ST2。ST1为2×3米探坑，在遗址偏北位置，深80厘米，地层共分为三层，其中②、③层为新石器时代早期遗存，出土的陶器、石器与浦江上山遗址基本一致。ST2亦为2×3米探坑，在遗址偏南位置，深约130厘米，地层共分五层，③、④、⑤层为新石器时代遗存，其中③、④层为跨湖桥文化层，⑤层则为上山文化层。上山文化遗存还包括④层下一个灰坑，编号H1，综合ST1、ST2,可将青碓遗址分为上山文化和跨湖桥文化两个时期。由于青碓遗址尚未进行较大规模的发掘，对其的认识极为有限，除了两个试掘坑，考古人员还在遗址周围进行了调查和钻探，调查表明，尽管遗址遭到土地平整的大规模破坏，但在更大的范围内，还是可以看到残留的文化层堆积，推测遗址面积超20000平方米。青碓遗址下层发掘出土的陶器普遍呈红色，以粗泥陶为主，夹炭陶（掺杂稻壳）次之，少量夹砂陶，器型有大口盆、平底盘、圈足器以及器型比较丰富的双耳罐，其中壶形平底罐、直口筒形罐等器物具有地方特色，普遍呈红色（红衣，裸露的胎色也呈红黄色），以粗泥（或夹细砂）陶为主，夹炭陶（掺杂稻壳）和夹砂陶次之。陶器的纹饰以素面为主，普遍涂饰红衣，红衣一般施于器物的外壁，也出现于敞口类器物的内壁，可见是一种有意识的装饰。因保存原因，红衣多脱落。此外，刻画、镂孔、拍印、堆贴等类型的纹饰也已经出现：刻画纹多见于盆、罐类器物的口沿部位，一般为短线的组合，间有波浪纹、折线纹等，唇部往往刻画成锯齿状，少量也见于圈足或其他部位；镂孔只见于圈足部位，有圆形、三角形、方形几种；拍印纹见有绳纹一种，数量不多，一般出现在器物的颈部等凹陷的部位，似为陶器制作

痕迹的遗留，器身通施绳纹极少；堆贴纹一般见于肩颈部，类似凸弦纹。

### （二）遗址的水稻证据

由于荷花山遗址、青碓遗址和上山遗址，同属于一个考古学文化，处在相同的经济文化形态，在论述稻作农业这个问题时，一些研究成果可以共享，并从以下几个方面进行分析和说明。遗址出土的夹炭陶器中，羼和大量的稻壳和稻叶，这不仅显示龙游先民制作陶器工艺的特色，而且在了解先民的经济生活方式上，提供了重要信息，这充分说明：①当时稻谷的使用量是相当多的，如果没有一定的稻谷产量，在陶器制作中，就不可能有选择地采用稻谷颖壳作为主要的掺和料。②有比较有效的稻谷贮藏和加工方法，遗址出土陶片中，能够观察的颖壳部分的形态都比较完整，表明当时可能已经有干燥、贮藏、去壳等一系列收获后的加工处理方法。③从陶片颖壳的形态看，当时稻谷加工后，应该是比较完整的米粒。陶片中稻叶片运动细胞硅酸体发现说明，先民在制作陶器过程中，主要以掺和颖壳为主，但也带入少量的稻叶，这种现象从一个侧面告诉人们，掺入陶坯里面的稻谷颖壳，可能不是来自采集的野生稻，而是来自采用摘穗收获的栽培稻。对遗址陶片的植物硅酸体分析过程中，人们还发现，陶片中含有稻运动细胞硅酸体，密度并不高，这种现象表明陶片中稻叶遗存，可能是随掺和料颖壳带入的。由于羼入的是稻碎壳，罕见完整的稻谷（米）颗粒。但稻壳中保留的小穗轴特征，却帮助人们解答了这个问题。无疑，作为钱塘江早期新石器时代遗址群的代表性遗址，荷花山、青碓遗址具有十分重要的文化遗产价值。依据这一点，青碓遗址与荷花山遗址，在 2013 年 9 月龙游召开的“荷花山遗址暨钱塘江早期新石器时代文化学术研讨会”上，得到了充分肯定，这次会议达成如下共识：龙游荷花山遗址的新发现，是长江下游早期新石器时代考古学文化的重要突破，是目前上山文化保存最好、内涵最为丰富的重要遗址，为解决上山文化和跨湖桥文化的关系，以及与周边考古学文化的关系，提供了全新的资料；龙游荷花山等遗址的发现，组成了以金衢盆地为中心的钱塘江地区早期新石器时代遗址群，该遗址群的碳十四年代数据，为距今 10000 年至 9000 年左右，是区域考古课题的新收获和新突破；龙游荷花山遗址以及钱塘江早期遗址群发现的稻作遗存，充分反映了水稻栽培在早期阶段的驯化变异，证明龙游所在的钱塘江上游地区，是世界稻作农业文明的重要发祥地。

## 二、婺剧的发源地

龙游是金衢盆地婺剧的集聚点，而姜席堰所在的后田铺村也是婺剧文化的发源地之一。姜席堰会、堰神会为戏曲提供了生存空间，祭祀文化的积淀促进了婺剧发展。

**（一）戏班创办人周春生（公元 1887—1964 年）**

龙游县后田铺村人。周春生出身于船工家庭，务农为生。因酷爱唱戏，于 1922 年毅然告贷，以 200 元银元的价格将原陈春聚班行头买下，创办越剧科班，实行越剧和婺剧“三折一本”并台演出，最后发展成婺剧的男女合演，是婺剧艺术发展的重要关节。婺剧是浙江最古老的剧种之一，是我国非物质文化的瑰宝，婺剧盛行于金华、衢州及建德、丽水、温州、台州的一些县、市和江西、福建、安徽等省近邻浙江的地区。周春生重整旗鼓，新招聘一批名角新秀，拯救入不敷出、面临解散的唱昆曲、乱弹、徽戏“二

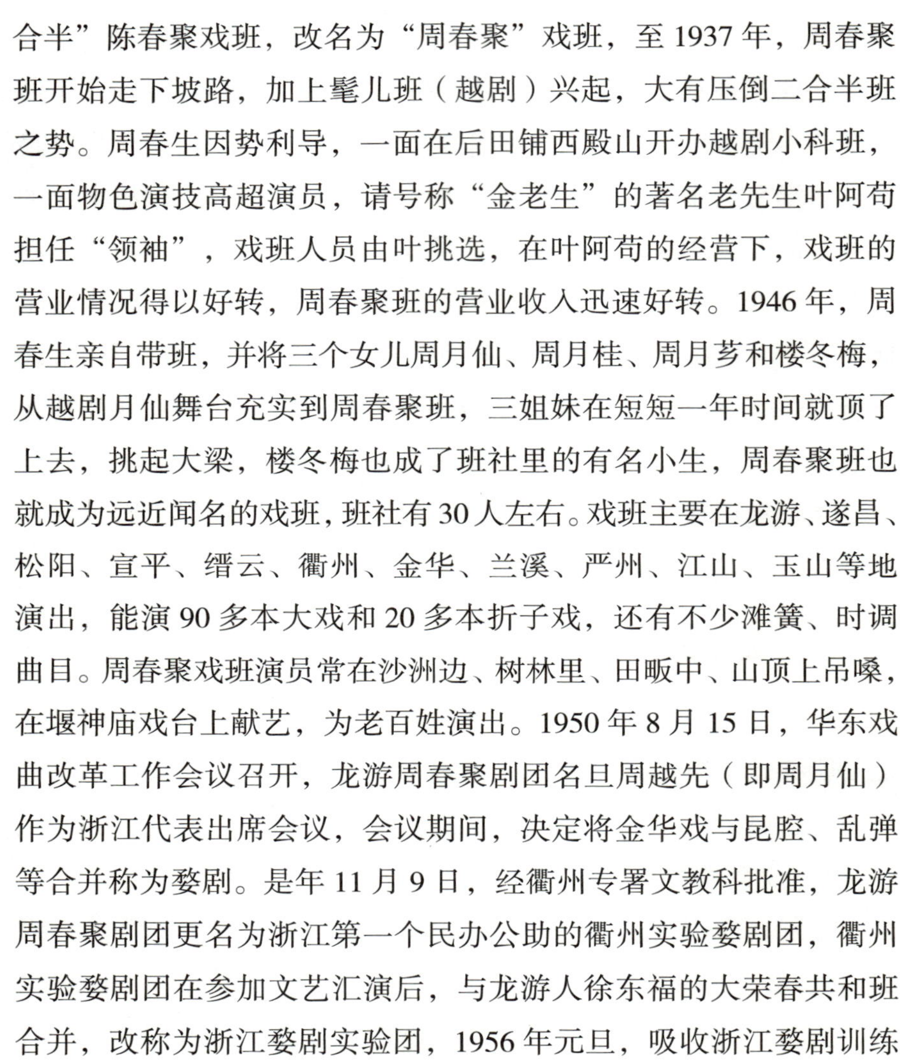

合半”陈春聚戏班，改名为“周春聚”戏班，至1937年，周春聚班开始走下坡路，加上髦儿班（越剧）兴起，大有压倒二合半班之势。周春生因势利导，一面在后田铺西殿山开办越剧小科班，一面物色演技高超演员，请号称“金老生”的著名老先生叶阿苟担任“领袖”，戏班人员由叶挑选，在叶阿苟的经营下，戏班的营业情况得以好转，周春聚班的营业收入迅速好转。1946年，周春生亲自带班，并将三个女儿周月仙、周月桂、周月芗和楼冬梅，从越剧月仙舞台充实到周春聚班，三姐妹在短短一年时间就顶了上去，挑起大梁，楼冬梅也成了班社里的有名小生，周春聚班也就成为远近闻名的戏班，班社有30人左右。戏班主要在龙游、遂昌、松阳、宣平、缙云、衢州、金华、兰溪、严州、江山、玉山等地演出，能演90多本大戏和20多本折子戏，还有不少滩簧、时调曲目。周春聚戏班演员常在沙洲边、树林里、田畈中、山顶上吊嗓，在堰神庙戏台上献艺，为老百姓演出。1950年8月15日，华东戏曲改革工作会议召开，龙游周春聚剧团名旦周越先（即周月仙）作为浙江代表出席会议，会议期间，决定将金华戏与昆腔、乱弹等合并称为婺剧。是年11月9日，经衢州专署文教科批准，龙游周春聚剧团更名为浙江第一个民办公助的衢州实验婺剧团，衢州实验婺剧团在参加文艺汇演后，与龙游人徐东福的大荣春共和班合并，改称为浙江婺剧实验团，1956年元旦，吸收浙江婺剧训练班的部分新生力量后，组建浙江婺剧团。

**（二）婺剧三姐妹**

一方水土养一方人，堰水孕育出了周春生、周月仙、周月桂、周月芗等多位婺剧大师。后田铺村人周春生办起了“周春聚班”。20世纪50年代，周氏三姐妹周月仙、周月桂、周月芗（后改名为周越先、周越桂、周越芗），不仅是周春聚班的三根台柱，而且是婺剧百花园中的三朵金花，在金华可谓家喻户晓，妇孺皆知。三姐妹成了班社的重要台柱，走出龙游到衢州、金华，而喜欢婺剧的人也传开了这样一句老话：“七看八看，不如看龙游花旦”“在正月二十四这样的大日子，戏班还是会回村演大戏。”当时很多人为了看一场三姐妹的戏，要跑十几二十里路。周越先，国家一级演员。9 岁到父亲周春生开办的越剧小科班学戏，50 天即上台演出，18 岁时入周春聚班，改学昆腔、乱弹、徽戏，崭露头角。1950 年任衢州实验婺剧团团长，1953 年任浙江婺剧实验剧团团长，1956 年任浙江婺剧团副团长兼导演，1962 年任团长。她是中国戏剧家协会会员、浙江省剧协理事、浙江省艺术学校顾问，曾受到时任全国人大常委会委员长叶剑英的接见。周越桂，国家二级演员。6 岁进龙游西殿山越剧小科班，15 岁进入周春聚班演小生，1950 年到衢州实验婺剧团，后调省文工团婺剧组，1953 年进浙江婺剧实验剧团，曾受到周恩来的接见，1979 年调到金华婺剧训练班任教。周越芗，8 岁时跟随两个姐姐学艺演戏，春生夫妇见她还小，让她演第一个“开奶戏”《梁祝》中的四九。1952 年到上海演出，引起轰动。1956 年周越芗调入东阳婺剧团，1959 年任金华婺剧团副团长。

### （三）盛开婺剧之花

姜席堰所在的后田铺村，悠久的历史、姜席堰会、堰神会及渠系神庙，为戏曲提供了物质基础。为纪念“周春聚班”，村里组建坐唱班起名“新春聚”，后来村里新注册成立民营艺术表演团体“龙游县兴龙婺剧团”，也活跃于衢州、金华、建德等地区的婺剧舞台上，每年在各地村镇演出 350 场以上，从业演员 40 多

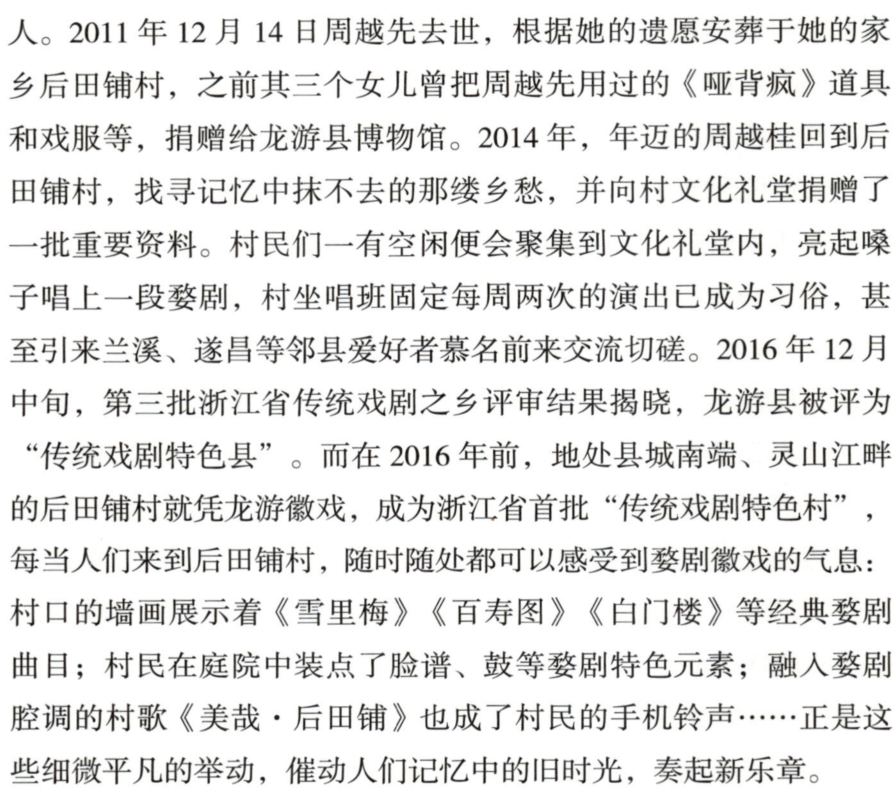

人。2011 年 12 月 14 日周越先去世，根据她的遗愿安葬于她的家乡后田铺村，之前其三个女儿曾把周越先用过的《哑背疯》道具和戏服等，捐赠给龙游县博物馆。2014 年，年迈的周越桂回到后田铺村，找寻记忆中抹不去的那缕乡愁，并向村文化礼堂捐赠了一批重要资料。村民们一有空闲便会聚集到文化礼堂内，亮起嗓子唱上一段婺剧，村坐唱班固定每周两次的演出已成为习俗，甚至引来兰溪、遂昌等邻县爱好者慕名前来交流切磋。2016 年 12 月中旬，第三批浙江省传统戏剧之乡评审结果揭晓，龙游县被评为“传统戏剧特色县”。而在 2016 年前，地处县城南端、灵山江畔的后田铺村就凭龙游徽戏，成为浙江省首批“传统戏剧特色村”，每当人们来到后田铺村，随时随处都可以感受到婺剧徽戏的气息：村口的墙画展示着《雪里梅》《百寿图》《白门楼》等经典婺剧曲目；村民在庭院中装点了脸谱、鼓等婺剧特色元素；融入婺剧腔调的村歌《美哉·后田铺》也成了村民的手机铃声……正是这些细微平凡的举动，催动人们记忆中的旧时光，奏起新乐章。

## 三、名人的集聚地

以下人物喝姜席堰水成长。

1. 古琴家祝望（公元 1477—1570 年）

字公望，龙游县城丛桂坊人。生活于明成化、嘉靖年间，卒年 94 岁。自小接受良好的教育，也随父亲向章懋、陈献章问学，但不求仕进，在县南石处山结庐隐居，读书写字，吟诗作画，弹琴自适。长于书画，所作诗饶有神韵，最突出的成就则是古琴演奏和制作。是浙派琴家的开创者，以蕉叶为琴式即其所创，被奉为“浙操之师”。明代人高濂在《遵生八笺》一书中说：“我明高腾、朱致远、惠桐冈、祝公望诸家造琴中有精美可操、纤毫无病者，奈何百十之中始得一二。若祝海鹤之琴，取材、斫法、用漆、审音无一不善，更是漆色黑莹，远不可及。其取蕉叶为琴之式，制自祝始。”可谓推崇备至。湖南博物馆藏有祝望所制蕉叶琴1张，腹款为“龙丘祝公望斫”6个字。此琴原由湖南琴家李伯仁收藏，1954年移交博物馆。

2. 木行巨贾张芬（公元1853—1932年）

字诵先，龙游县城郊驿前村人。以经营小本木头生意起家，发展为张鼎盛木行，聘正副经理各1人，职工30余。同时开设张豫盛过塘行，在驿前辟背板埠头，有专供停放木筏的水面200余亩，有专业装卸组织金板会、运输组织永清会。经数十年经营，成为县内拥有土地2000余亩、店面数十间的首富。任县商会会长多年，兴办文化教育，助力地方公益。

3. 方志学家余绍宋（公元1883—1949年）

字越园，号寒柯。日本东京法政大学毕业，清宣统二年（公元1910年）回国，以法律科举人授外务部主事。辛亥革命后南归后赴北京，先后任司法部参事、次长、代理总长，宪法起草委员会委员，修订法律馆顾问，兼任北京大学、清华大学、北京师范大学教授，北京法政大学、北京美术专门学校教授及校长，司法储材馆学长等职。任司法次长时，其拒签“金佛郎案”和辞官抗议“三一八”惨案之举尤为世人称道。1928年南归，定居杭州，以书画自娱自给。1934年，应聘主编《东南日报》特种副刊《金石书画》。1937年，避寇移居龙游沐尘村，以吟咏抒怀。辑录诗作400篇，成《寒柯堂诗》，字里行间，洋溢爱国爱乡之情。1939年，任浙江省第一届临时参议会议员。1942年，选为浙江省第二届临

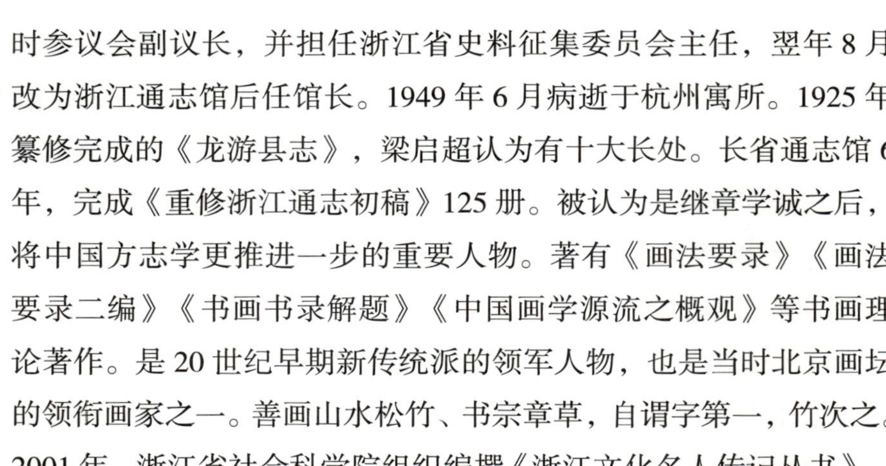
时参议会副议长，并担任浙江省史料征集委员会主任，翌年 8 月改为浙江通志馆后任馆长。1949 年 6 月病逝于杭州寓所。1925 年纂修完成的《龙游县志》，梁启超认为有十大长处。长省通志馆 6 年，完成《重修浙江通志初稿》125 册。被认为是继章学诚之后，将中国方志学更推进一步的重要人物。著有《画法要录》《画法要录二编》《书画书录解题》《中国画学源流之概观》等书画理论著作。是 20 世纪早期新传统派的领军人物，也是当时北京画坛的领衔画家之一。善画山水松竹、书宗章草，自谓字第一，竹次之。2001 年，浙江省社会科学院组织编撰《浙江文化名人传记丛书》，余绍宋以方志学家、书画理论家身份入选，成为浙江省古今百位文化名人之一。

4. 黄埔军医傅尔梅（公元 1893—1950 年）

别号梦予，居龙游县城小东门。青年时曾留学日本学医，1926 年进黄埔军官学校第六期学习，后升任团长。1941 年变卖家产创办私立豫章小学，自任校长，直至 1949 年。傅尔梅也是一位良医，抗战时期曾收留治疗不少伤员。1949 年，在对病人实施人工呼吸时被细菌感染，结果病人获救，他却因医治无效在杭州病故。

5. 书法方家方剑庵（公元 1896—1966 年）

原名衡，龙游县城学前巷人。衢州中学堂毕业，从事教育工作。擅书能画，尤精楷隶。民国时期县城商店牌匾多出其手，童圣传、李泉纪念碑、龙游石桥等不少碑文也由其书写。

6. 花鸟画家唐振乾（公元 1897—1962 年）

字作沛，龙游县城小北门黄浦殿前人。1917 年 7 月考入上海美术专科学校师范科学习国画，毕业后回乡任小学教师 20 年。1941 年任县立战时初中学生补习学校图画、劳作教员，1945 年起任县立初级中学事务主任、文书、史地教员，1954年起连续当选县一届、二届人民代表大会代表，1962年病逝。善书画，尤精翎毛花卉，画风清隽超逸，2002年10月北京出版社有《唐作沛花鸟画作品集》问世。

7. 早期党员胡成才（公元1901—1943年）

龙游县城文昌巷人。1923年考入北京大学俄语系。1925年经李大钊介绍，加入中国共产党，同年暑假回乡宣传革命，组织少年先锋队。1926年初受组织委派，任苏联首任驻华大使加拉罕翻译，又奉派担任苏联军事顾问鲍罗廷和加伦将军翻译，随同他们赴西北军冯玉祥部工作。曾作为随行翻译，陪同冯去苏联考察。“四一二反革命政变”发生后，西北军中的共产党人被冯玉祥“礼送出境”，胡成才转赴苏联，在莫斯科中山大学任教，兼做党务工作。1930年进编译局从事翻译工作，以翻译列宁著作为多。1938年和李立三等被同时逮捕，经李立三致信斯大林辩解，才于1940年释放。编有《俄汉词典》出版。1936年秋，胡成才和苏联姑娘基舍留娃·仁娜结婚。仁娜出生于1912年，后进入机关从事共青团工作。1957年6月，仁娜经过努力，与胡成才的女儿胡敏取得联系。第二年仁娜派儿子萨莎来龙游探望同父异母的姐姐。1960年3月仁娜也来过龙游。

8. 姜益大布行传人胡筱渔（公元1903—1992年）

原籍安徽歙县，自祖父胡文耀起因经商定居龙游县城。先后担任龙游勤记染坊经理和姜益大布店经理，是姜益大布店胡氏第三代掌门人。经商讲究诚实守信，一次从海宁布庄订购“石门布”300筒，途中被日军抢劫，胡筱渔说服股东凑钱照价付款，自此，海宁等地布商纷纷主动提供货源。对职工以诚相待，日军进犯时，店中财物由店员分散藏往山区，大家在动乱中尽心保管分毫无损。

由于经营有方，“姜益大”成为享誉金华、衢州、严州3府的知名商号，凡盖有“姜益大”验银印章的银元，市面畅行无阻，全盛时店内验银工就有3人。龙游解放时，连夜组织工商界人士欢迎中国人民解放军。1951年，当选县工商联主委。积极响应政府号召，抗美援朝中发动会员捐献飞机大炮款6.5万元，捐献救慰代金1.2万元。发动会员购买公债，带头参加公私合营，以支援国家建设。胡筱渔得到党和政府的信任。1957年被选送到省委党校学习，享受国家行政干部待遇。先后当选省工商联第一届执行委员、省第一届人大代表，恢复县制后，被推举为县工商联名誉主委，担任县政协一届至四届常委。

9. 田头诗人祝鸿逵（公元1905—1979年）

字子孚，龙游县官村祝人，姜芸媛子。曾在溪口中和小学、县立战时初中学生补习学校任教，后任县图书馆馆长。浙江通志馆成立后任分纂。能诗擅文，诗学杜甫，崇尚写实。为余绍宋器重，遴为女婿。妻余香莲也能诗，但早逝。1949年后一直在家务农，偶有所作，诗风沉郁。后人辑有《祝鸿逵诗抄》。

10. 中医专家江云从（公元1907—1982年）

字龙年，龙游县城人，江梓园四子。1932年开业湖镇，1950年组织县内首家中医联合诊所。1953年创办城关第二中医联合诊所，任负责人。后任衢县中医班教师，1965年自动要求从龙游区医院调往缺少医师的上圩头公社卫生所。1955年捐赠省中医研究所家藏中医药书籍40余册。任县中医师协会副主委，连续6届当选县人民代表，是一、二、三届县人民委员会委员。

11. 省劳模方德宝（公元1914—1967年）

寺后桥头村人。1950年他将螟虫卵块放瓶中，待孵化后，再放田中让大家观察，用事实启发群众投入治虫运动，被评为省农业劳动模范、治虫模范。1950 年他种的双季稻亩产达到 1101 斤，又被评为省丰收模范，群众称其“农民科学家”。

12. 物理学家余寿绵（公元 1919—2003 年）

龙游县城河西街人。1945 年毕业于福建协和大学物理系，曾在浙江大学龙泉分校、厦门大学任教。1949 年 10 月起在山东大学任教，1956 年晋升副教授，同年加入中国共产党，1978 年晋升教授。1960 年至 1980 年任山东大学物理系主任，并担任山东省物理学会副理事长、高教部理科教材编审委员会物理学科编审委员等职。1958 年创建山东大学理论物理专门组，培养基本粒子理论方面的研究生，编写了《高等量子力学》。于 1989 年在北京召开的勘探地球物理国际讨论会上作专题报告，该理论对首波的形成机制作出了全新的解释，对传统的首波理论做了大胆的否定，在国内外学界引发了一场影响极大的争论。

13. 婺剧团创立者鄢绍良（公元 1920—1971 年）

龙游县城人。1948 年 12 月加入中国共产党。1950 年调任衢州专署文化馆代理馆长，在龙游周春聚戏班基础上组建“浙江衢州专署实验婺剧团”（今浙江婺剧团前身）的工作，在《戏曲报》发表《衢州实验婺剧团是怎么组织起来的》一文，“婺剧”两字自此正式见诸文字。20 世纪 40 年代以畸田、司马群兵、伊敏等笔名从事新诗创作，在《浙江日报》《东南日报》等报纸副刊上发表不少诗作。1971 年 2 月 9 日病逝，1982 年恢复共产党党员身份，有《畸田遗诗》传世。

14. 支部书记孙晋海（公元 1926—2012 年）

兰石村人，15 岁参加新四军任司号员。解放南京时，与何鹏

等5人渡江侦察，任务完成出色，获特等功。在江山剿匪中获师级战斗英雄称号。转业后曾任兰石村党支部书记33年，其间多次荣获劳动模范、先进党务工作者等称号。

## 第三节　古堰形胜

### 一、山色水景

姜席堰地处仙霞山余脉，山清水秀，风景宜人，一派江南秀丽风光，加上建堰顺应了“道法自然”的哲学思想，实现人与自然默契和融合。经历漫长的风风雨雨，涵养了丰富的文化内涵，沉淀了具有江南特色的姜席堰水文化。2011年，浙江省人民政府把姜席堰列入省级文物保护单位，2018年，入选世界灌溉工程遗产名录，充分彰显了姜席堰梦一样的山、谜一样的水和神一样的造物。

**（一）龟山、蛇山**

不知是否历史的巧合，姜席堰和武汉长江大桥一样，与都江堰惊人的相似，堰坝、大桥的两端分别是龟山和蛇山，是大禹治水的神话，还是传统文化中的“蛇龟交媾，大吉大利”风水的好兆头。龙游姜席堰南的龟山，这座岩体小山，高20余米，面积5亩左右，屹立在灵山江畔，江水拍打冲击着山脚，使江水由北转流向西北，保护了龟山后面的几百亩农田，也保护了沙洲，更保护了姜席堰，龟山上绿树成荫，山下汩汩清流；堰北的蛇山，高30余米，东西走向，蛇头朝西，蛇尾蜿蜒曲折，往东南延伸，与营盘山相连，姜席堰的进水控制闸就建在蛇头下，仿佛从蛇头吐出源源不断的泉，从这里开始福泽着龙游的子民。而当地民间故事却与众不同，传说龟、蛇隔山相望，日久生情，成了一对“恋人”，白天龟蛇两山“隔河千里”，夜间龟蛇互相拥抱，截断江流，江水倒灌，淹没村庄、农田。于是，人们不断地祈求，终于感动了上帝。上帝便命令龟、蛇相望而不能见面，以后就克勤克俭，终于两人相逢却不能相见相爱了。

**（二）“三潭印月”**

龟山潭、大马井潭、小马井潭三潭深水环抱月形中心洲绿岛，名曰“龙游三潭印月”，都说这三潭很深很深，三两丝线都放不到底。民间相传，农历五月十三这天，关公菩萨老爷要到姜席堰来，磨他的青龙偃月大刀，他大刀翻滚得很快，所以此处此时常常涨潮水。每当端午节前后发大水，当地村民有上山观大水的习俗，他们想象着关老爷磨刀的事，看着“洪水满三潭、大浪击龟山”的情景，尤为壮观。外地客人来到山头外，村民都要带客人到“三潭”和中心洲看一看，“三潭印月”成了姜席堰的标志性景点。

**（三）渡堰头**

又称大堰头，位于姜堰南岸。灵山江源自处州之水，据康熙《龙游县志》记述：灵山港“源远流长，堪通桴筏，南乡一源，竹木薪米悉由此出，灌输利济比于大江云”。灵山港旧时水量大，早年木帆船可通北界，古代主要靠水路来运输，可以说水路即商路。遂昌、松阳及龙游溪口的山货特产，经过灵山港水道，加上沿灵山江边的陆路，运至龙游，再经衢江向上运到衢州、常山、江山，向下运到兰溪、金华、杭州，然后运回南杂货、布匹、绸缎等生活用品。繁忙的商路，形成了众多商埠重镇，造就了成群结队的商人，促成了龙游商帮团体的形成，并且发展成为明清时期中国

的十大商帮之一。处于姜席堰地段的渡堰头，是龙游商人水道的重要码头，也是陆路的必经之地，“挑松阳担”的挑夫也在此歇脚，第二天一早赶赴龙游城。旧时渡堰头岸边商铺、驿站、客栈林立，夜里竹筏、帆船停满江岸，灯笼百盏，热闹非凡，还办有私塾学堂，建有姜公席公祭祖大厅。

## 二、古堰印迹

### （一）《惠我农众》匾额

长 2.4 米、宽 1 米、厚 0.08 米，材质为杉木，用麻布髹漆工艺，底为蓝色，字为黑色，字用魏体，破损严重。1927 年浙江省政府向灌区农民赠送的《惠我农众》四字匾额，曾悬挂于堰神庙中堂，该殿于“文革”期间被拆毁。匾额现保存于龙游县博物馆，见图 4–2。

**图 4–2　《惠我农众》匾额**（县博物馆供图）

### （二）堰神殿

堰神庙遗址，位于灌溉总闸下端 30 米，东、西渠之间山头外自然村，始建年份无考，文献可见明代隆庆五年（公元 1571 年）就有。属祭祀建筑设施，民国建筑，二进三开间厅堂结构，约 300 平方米，为铭记和弘扬姜席堰有堰功之人而建，后进中堂塑有姜公、席公泥塑描金身彩色坐像，供人瞻仰和祭拜，前设戏台。堰神庙为每年举行封堰、开堰、祈雨等仪式之场所，也是民间戏剧演艺聚集之场所，更是古时官方与村民议事的地方。《衢州通志》记载，堰神庙曾办过私塾，办学经费由金山庵庙会承担，故叫“金山小学”，周春聚戏班也借庙会之时，在堰神庙演出，那时，堰神庙是公众聚集和社交的重要场所。

**（三）堰神树**

位于后田铺村山头外自然村姜席堰总干渠旁，堰神树为樟树，枝繁叶茂，已有树龄400余年。为纪念建堰之人，祈祷风调雨顺，每年春节、清明等岁令时节，百姓都自发在此供奉，常年香火不断。当地百姓称其为堰神树，堰神树下是聚合社交的重要场所。此香樟为古树名木，胸围3.16米，树高10.5米，冠幅13米，树冠覆盖百余平方米，枝茂叶盛，当地人称樟树神，又称堰神树，常年香火供奉，见图4–3。

**图4–3 堰神树图片**（县林业水利局供图）

**（四）殿庙与戏台**

灌区除了堰神庙（殿）外，还有许多殿庙用于祭祀活动。到

民国时期还存有几十幢：武金殿，在后田铺山头外溪滩；上堡殿，在后田铺自然村；中堡殿，在后田铺五石殿头自然村；西殿，在大板桥村西殿山，又叫后田铺酱坊坞；三堡殿，在官村祝村；东塘殿，在半爿月村下垅；白坂殿，在原白坂村；南洲殿，在兰石村北边；堪头殿，在洪呈村堪头自然村；水闸殿，在官村村。规模较大的殿庙、祠堂内均建有戏台，祠堂里的戏台大多设于门厅，坐南朝北，隔天井与正厅相对。旧时，殿庙大多建戏台，戏班争相赶会，称庙会戏，常呈“斗台”场面，如逢庙里菩萨开光，排场更大。聚族而居的村坊，凡有祠堂的亦多建戏台，按定例以族产延请戏班，称祠堂戏。各戏班正月初一开锣，演到农历五月，六月份进入农忙季节，大多数演员都回乡夏收夏种，下半年从七月初演到十一月。龙游戏台都有巡游保平安的习俗，所以祠堂的戏台体量较小，中间为活动式，可以临时拆卸，这叫活动戏台，是龙游特有的形制，独一无二；神庙的戏台体量较大，多为固定式，装饰也比宗祠的戏台讲究，大多数戏台还设有藻井。

**（五）碑刻**

原留存明·钱仕《重修姜村席村二堰记》、清·康熙叶檠《修浚姜席二堰记》、清·光绪叶元祺《邑侯高公重修姜席村二堰德政碑》、清·光绪俞樾《龙游县知县高君实政记》四方拓片。以此为范本，2018 年重刻有 12 方碑，由龙游县中国书法家协会成员郭裕文、余久一、童柏青、徐荣伟、蓝忠胜等书丹和篆额，由缙云传统刻石碑工匠设计篆刻，内容为记录堰渠修建、管理、制度、堰功、实政等，以清光绪年间高英修治姜席堰的碑文、艺文、章程的碑刻为多，印证了县志的记载，是研究姜席堰重要的史料，增加了旅游的内涵与情趣。

### （六）古水碓命名的村庄

灌区内还保留有用当年水碓名作为标志性地名的村庄，如兰石有“上水碓”“下水碓”，寺后有“和尚碓”，曹家有“水碓”等，这些村庄名称还在沿袭使用。“万年文明——青碓新石器遗址”位于寺后村和尚碓自然村西面，原有一座青碓小山丘，旁边有寺庙后侧和尚使用管理之水碓，而命名和尚碓，遗址也随之命名为“青碓遗址”，为钱塘江流域农耕稻作文明的发祥地之一，现为浙江省重点文物保护单位。

### （七）灌区内文化遗址

杨侯殿山遗址，始于新石器时代，位于东华街道下杨村杨侯殿山，面积约 2000 平方米，文化层厚 20 厘米至 30 厘米，有夹砂粗陶鱼鳍形鼎足等新石器时代遗物，另有属于青铜时代的印纹陶片和褐黄釉原始瓷片等遗物。鸡鸣山遗址，始于新石器时代，位于县城南郊鸡鸣山，面积约 5 万平方米，无文化层堆积，有石锛、穿孔石镰、石箭镞、石网坠、石矛、泥质灰陶豆底足残片、夹砂灰陶支座等新石器时代遗物，另有属于青铜时代的席纹、条纹、羽毛纹、云雷纹、回字纹、绳纹等印纹陶片。牛形山遗址，始于新石器时代，位于东华街道下杨村北，面积约 1500 平方米，无文化层堆积，有箭镞、网坠、有段锛等石器，地表散落大量夹砂灰陶、泥质灰陶和印纹硬陶残片，可辨器形有泥质灰陶镂孔豆足。东华山遗址，始于商代，位于县城东郊东华山南坡，面积约 1000 平方米，采集玉戈 1 件，通体表面光滑，有玉质感，但硬度较低。

# 第四节 名胜荟萃

## 一、浙江红旗渠 水利的交汇地

“乌溪江引水工程”，简称“乌引”工程，是一项大型水利工程，是浙江省“八五”重点工程之一，被称为浙江红旗渠。采取拦河筑坝、开渠引水的办法，将乌溪江上游湖南镇、黄坛口两座大中型水电站的尾水，自西向东引向衢江以南包括衢州、金华两市所属的柯城、衢江、龙游、金华、兰溪等5县、市（区）的约20个乡镇，以改善这一地区的农业灌溉、工业用水及生活用水，改善生态环境，实现水资源的科学、合理利用。乌引工程在黄坛口大坝下游4.0千米处拦河筑坝，将水引入长82.7千米的总干渠。经柯城、衢江、龙游分水，以11米$^3$/秒流量至衢州、金华市交界处，流往金华、兰溪。解决金衢盆地45万亩农田灌溉和数万亩丘陵开发用水，还为沿渠10多万城乡居民提供生活用水及工业用水。乌引总干渠在龙游县境内长26.3千米，占全渠总长三分之一，设计过境最大水量28.9米$^3$/秒，县境还设有灰山、江家等分水支渠11条，总长157千米，设计灌溉面积19.4万亩。龙游县在党和政府领导下，发动群众打一仗治水的人民战争，发扬“自力更生、艰苦奋斗、团结协作、无私奉献”的“乌引精神”。总干渠于1990年9月动工，总投入500多万个劳动积累工，开挖填筑400余万土石方，总投资1.4亿元，历经4年艰苦奋斗，于1994年8月4日正式通水，又经过数年的除险加固、完善配套，确保工程安全运行。灵山港渡槽是乌引总干渠横跨灵山江河道的一座大型输水建筑物。跨越灵山港与姜席堰的大渡槽，渡槽北端进口设有3座大型泄洪、节制、分水闸及水电站调节池，渡槽凌空与姜席上、下堰相交。灵山港渡槽长371.75米，高15米，槽身为钢筋混凝土矩形断面双悬臂结构，设计过水流量21.38米$^3$/秒，槽身顶部左右两侧铺设宽各1米的行人通道及护栏，下部22个支墩，墩间跨度16米，工程于1991年6月动工，1992年12月完工，工期1年零6个月。灵山港渡槽设计巧用北端岩基坚实的蛇山作为进水口，设有渠道泄洪溢流闸、退水闸、渡槽进水闸、姜席堰水电站分水闸，在渡槽进口底部蛇山脚下还兴建了姜席堰电站，将姜席堰引水明渠与渡槽、溢流堰、进水闸、退水闸、分水闸及水电站巧妙融合，精心布局。登上“龙游渡槽”，滔滔的灵山江水、翠绿的沙洲、姜席古堰、姜席堰电站、马鞍山隧洞进口及蛇山上的小枢纽等古今水工建筑尽收眼底。1994年8月4日，衢州市乌引工程通水到金华典礼在灵山港渡槽下隆重举行，龙游县灌区3000多群众代表出席，时任浙江省省长李丰平题词“龙游飞渡”四个金色大字悬挂在灵山港渡槽之上，次年4月5日公布为县首批爱国主义教育基地。北有营盘山大隧洞。灵山港渡槽北端就是营盘山大隧洞出口，隧洞长2203.5米，洞径5.5×4.9米，设计流量22米$^3$/秒，洞身由北向南贯穿营盘山，进口位于梨园自然村附近，出口位于山头里自然村。姜席堰电站地址选在姜席堰渠首，利用乌引总干渠与姜席堰渠道的12米落差设计。以衢州市乌引指挥部分配龙游县乌引用水量为依据，装机2台共400千瓦机组，非灌溉期2台机组同时发电，尾水入灵山江；旱期确保灌溉用水，1台机组发电，尾水入姜席堰渠道，补充姜席堰渠水抗旱的不足。姜席堰电站将乌引水系和姜席堰水系缠合在一起，确保灌溉的前提下，利用放水落差发电，是综合利用水资

源的成功尝试，又为古水利工程姜席堰添了新景，见图 4–4。

图 4–4　乌引渡槽（左）、姜席堰电站（右）（叶仲魁 供图）

## 二、龙游民居苑　古建的荟萃地

位于龙洲街道南郊鸡鸣山，姜席堰下游 5 千米的灵山江畔，占地 6.6 万平方米。国家 AAAA 级景区，是全国仅有的两处经国家文物局批准，实行异地迁建保护示范单位之一，为全国重点文物保护单位。其中明清传统民居，堪称建筑艺术的杰作，在江南古代传统建筑中占有重要地位。从 20 世纪 80 年代开始，龙游县选择县境内具有文物和观赏价值的古代民居迁到鸡鸣山，保护和利用并举，以文物发展旅游。到 2022 年止除鸡鸣山原有的鸡鸣塔外，现有“高冈起凤”“翊秀亭”“巫氏厅”“汪氏民居”“滋树堂”“马氏宗祠”“傅家大院”等 54 幢搬迁的古建筑。“高冈起凤”厅是元代建筑，门楼飞檐翘角，气势刚健，如大鹏展翅，傲视蓝天。“巫氏厅”是龙游乡贤、著名书画家余绍宋写字作画的场所，这座建筑的价值在于它梁斗共体的结构，具有独特的防震功能，国内罕见。“滋树堂”的最大特点是梁柱规格硕大，前、中厅梁柱粗可二人合抱，有装饰精美的三层木雕大牛腿，采用特大的茶圩青石，且门楼砖雕雄伟。明代建筑“翊秀亭”，青石仿木构。“鸡鸣塔”建于明代，六面七层，楼阁式砖塔。清代“傅家大院”为纪念傅暹两次接驾清乾隆皇帝而赐给“龄引期颐”匾额。还有两面戏台的明代“马容八公祠”的“马氏宗族”……景区内常态化开展舞龙舞狮、畲族定亲、皮纸制作、婺剧表演等非物质文化展示及民俗表演活动。景区环境优美，人文底蕴深厚，被授予中国商帮文化研究基地、衢州市十佳基层文化示范基地、龙游商帮故居等荣誉称号，是集“文物保护、旅游观光、学术研究、爱国主义教育”于一体的人文新景区，见图 4–5。

**图 4–5 龙游民居苑**（周土香 供图）

## 三、龙游垂钓中心 国际的垂钓地

占地 200 亩，由六个标准对象鱼和混合鱼竞技池、两个标准竞技 PK 池和抛竿竞技池构成，可同时容纳 600 名运动员参加比赛，是目前全国交通最为便利、渔情最好、智能化程度最高、配套设施最完善的专业钓场，是浙江省唯一的国家级淡水钓场。除了具备专业水准之外，中心的鱼情之好，在多次高端赛事中，让不少国家级垂钓大师“心服口服”。2018 年举办了全国垂钓俱乐部挑

战赛（浙江龙游站）、全国垂钓俱乐部挑战赛总决赛，总决赛为国家级一类赛事。渐已成为浙西旅游细分市场中的一张国家级“金名片”，带动了当地多村旅游事业和休闲体育运动的发展，推进了淡水养殖业的转型升级。已举办了国家级垂钓赛事 40 余场，商业休闲赛事每年 100 场以上，网红直播垂钓，旅游参观 30 万人次以上，见图 4–6。

**图 4–6　龙和国际垂钓比赛**（龙和渔业码头供图）

## 四、龙和渔业园　渔业的丰产示范地

位于姜席堰中干渠灌区内，由浙江龙和水产养殖开发有限公司创建，是一家集鲜活淡水鱼养殖、新技术推广、新兴渔业开发、旅游景区开发管理、农业观光服务于一体的省级骨干农业龙头企业。拥有标准化“西湖醋鱼”原料鱼养殖示范基地 2500 余亩，提供的杭帮名菜“西湖醋鱼”的原料鱼——草鱼，占杭州市场份额 85% 以上。园区内建设有智能化淡水养殖示范中心、农民培训科普教育中心、国际休闲垂钓中心等三大中心，为浙江省一流的淡水鱼养殖示范园，一流的集农民培训与水生特色科普于一体的教育园和渔文化特色园。每年举办各类花展、干塘节、蹭塘节、钓鱼节、鱼塘运动会等活动，开展学生科普实践、农民养殖培训、休闲垂钓比赛等，吸引游客 10 万余人。养殖基地核心区，坐落于龙游县龙洲街道浙江省级现代农业综合园区，占地 1200 亩，总投资 1.8 亿元。园区以水产养殖区为主导，集休闲娱乐、科普培训、餐饮服务、旅游观光等区域合于一体，形成渔业特色休闲观光园区，于 2018 年 12 月通过国家 AAAA 级景区资源评估。科技养殖示范中心占地 1000 亩，是农业农村部水产健康养殖场，国家工程实验室浙江龙和草鱼养殖示范基地，长三角地区水产养殖新品种、新技术、新模式的孵化展示基地。渔休闲文化中心，占地 250 亩，是集餐饮、住宿、会议、科普活动、商务、渔文化展示等功能于一体的综合体，由渔文化主题酒店、渔文化主题公园、农民培训中心、省级田园综合体产业展示中心 4 部分组成。龙和水产浙赣联盟，2019 年 11 月，为解决淡水鱼营销市场的供销不平衡、恶性竞争的体制不健康问题。浙赣地区的八大运营商组建“龙和水产浙赣联盟”，资源共享、优势互补、互惠互利，调整行业供需关系，做大做强水产经营，水产年销售量可达 1.5 亿斤，成为全国渔业工作的首创。开发渔业冷链物流市场，龙和渔业冷链加工物流园，根据国家净菜上市、农产冷链物流工程的要求来定位市场和未来消费趋势，采用国际上先进的液氮深冷镇鲜技术和氨气气调保鲜技术，对淡水鲜活产品进行冷链加工，促使产品标准化，降低运输成本，方便储藏，延长供货期，极大地拓展了销售渠道，见图 4–7。

图 4–7 龙和渔业丰产区（县地方志学会供图）

## 第五节 民俗、艺术和文学

### 一、民间习俗

#### （一）堰神祭祀

为求得风调雨顺、丰衣足食，人们信天地求鬼神，多有祈祭神灵之举。在山头外村有一座堰神庙，历史悠久，20 世纪 70 年代被毁，姜席堰总干渠旁堰神庙前的堰神树，是一棵树龄近 300 年的古樟树。它们皆为了纪念建堰之人，常年香火供奉，以保佑风调雨顺、国泰民安，古代大型祭神、春耕报赛及演戏活动都在堰神庙举行。2018 年，举行了姜席堰春耕祭祀、大型巡游及春耕报赛活动，见图 4–8。

#### （二）农时习俗

新中国成立前，生产力水平低，抗御自然灾害能力也低，祈年、禳灾、互耕、雇工等习俗在这里繁衍生息，多体现在稻作中。

图 4–8 祭祀活动（刘红卫 供图）

20 世纪 50 年代始，科学技术日益发展，旱涝保收程度提高，旧俗大多消亡，现当作非物质文化遗产来保护。

1. 五谷神下田

播种早稻前，用 3 支香、3 张黄表纸扎以红纸，插在秧田沟里，并插 1 根柳条或竹枝，表示“五谷神”已经下田。民间有“五谷神下田，田畈就无鬼”俗谚。撒种时，谷种先向下甩 3 下再朝上抛撒，说是如此秧苗容易生根。忌太阳上山、月亮下山时播种，谓此时谷种不易生根。不少村庄建或供五谷神庙，祈求保佑稻谷丰收。每年元宵节灯会，人们少不了要扎五谷神灯。现时年轻人已不知五谷神为何物，见图 4–9。

图 4–9 五谷神（黄国平 供图）

2. 开秧门

每年第一次插秧称“开秧门”。旧时，田主家要备鸡、肉、酒饭，焚香烧纸祭拜祖宗香火，并祭五谷神。招亲友共食，谓之吃“种田饭”，食者越多收获越丰，被招者均不推辞。开始插秧先用秧根擦手，说是可防止发“秧风”（手肿）。插秧时，不能从他人手中接秧，不然也将染上“秧风”。插秧最快最好者称“田老虎”，吃饭时坐上位。

3. 吃“种田子”

插秧时节菜肴特别丰盛。早餐每人两个鸭蛋或鸡蛋，叫“种田子”。说是吃了种田子，秧苗容易扎根成活，长出稻谷籽粒饱满。中晚餐吃“种田肉”，帮工、长工每人可得 4 块，每块重 4 两（旧秤，合 125 克），可带回家。现时早餐也吃蛋，中餐吃肉，目的是补充营养，见图 4–10。

图 4–10　种田子（县地方志学会供图）

4. 关秧门

插秧结束谓之“关秧门”，带几个秧回家丢屋顶上，据说瓦上就不会生“屋辣”（方言，指一种小毛虫，触到皮肤会剧痒）。秧苗如多余可抛塘中，但不给牛吃，以防牛尝到稻秧滋味去吃禾苗。

5. 赶稻瘟

旧时水稻遭受病虫害防治无术，便祈求神灵，抬出毛令公牌位或城隍、西门李老将军等神像巡行受害田间，以求赶走“稻瘟”。也有做道场打醮、点七星灯驱赶。此俗已绝多年。

6. 割稻客

收割早中稻农活辛苦，劳力紧张，旧时大户人家就雇“割稻客”。大多北乡人，常于县城通驷桥头及大村镇要道口等候雇用。雇主以灌区农户居多，东家供给伙食，民国时工资一般1元银洋3工（折合大米每工约5千克）。定额视路途远近，一般每工割谷100千克至120千克左右。新中国成立后集体生产时仍有雇割稻客的。实行家庭承包责任制后也雇工帮忙，大都亲邻互助，以工换工。

7. 六月补

六月间给男子增补营养称“六月补”。以桂圆炖鸡蛋、黑枣煮猪蹄最普遍，也有用中药“三两半”（指党参、当归、黄芪各1两，防风0.5两）加黄酒蒸童子鸡。

8. 九月九除一口

自早稻插秧始，中、晚餐之间要吃“点心”，农历九月晚稻收割后天日变短，恢复每天三餐，故称“九月九除一口”。改种双季稻后，晚稻成熟期延迟，农历十月才改吃三餐。

9. 碓坝会

堰坝等水利设施设有“碓坝会”，由受利农户组成，置有田产，以租费作维修之资。凡鸣锣通知，各户须派劳力参加堰坝修建。

10. 求龙水

旧时遇干旱必祈求龙神降雨，谓之“求龙水”，地点皆岩洞深潭。4名壮汉抬着“龙亭”，前有健汉手持木棍、竹叶枪开道，后面数

十名乃至成百上千人护送，沿途行人和看热闹者不准戴箬帽、撑伞，道旁不许晒衣服，田畈不准车水。队伍先往县衙，由县官赤着头、穿蒲鞋向龙亭叩拜。随即奔赴“龙潭”焚香叩拜，以随身所带“龙瓶”从潭中舀起“龙水”往受旱处迅跑。水中有小鱼小虾，谓是“龙子龙孙”，据说神龙为抢回龙子龙孙，会追出“龙潭”而沛然下雨。求龙水极易引起纷争，如1944年大旱，数千农民汇集县城运动场，要县长陈谟出来叩拜龙亭，陈谟派秘书主任代行，众人不肯，势甚汹汹。后有人出来调和，说秘书主任名叫陈雨龙，与大家的目的吻合，众人才散去。此俗20世纪50年代初尚存，后不禁自止。

11. 窖灰

农村以稻草为燃料，稻草灰是主要肥料。山区以焦泥灰为主，以杂草连泥铲下晒干后焐成。平时堆灰铺中，施用时泼入粪便，待其混合后，用锄头拌匀，以手捏成团落地则散为准，谓之窖灰。不论拌种、追施均有效，为传统“当家肥”。近年主要用于拌种或盖种。

12. 禁青

乡村有禁青会，定有禁青规则和处罚办法。春夏之交作物开始成熟，主事者便鸣锣通知禁青，直至秋收完毕。其间不管大人小孩，凡偷别人田中瓜菜豆粮，一律按规定处罚，如挨家挨户分馒头，请戏班演戏（现也有放电影的）等。也有禁捕青蛙规定。此俗一度消失，实行生产责任制后又恢复。山区禁青会则以保护山林为目的。

13. 夫妻隔床

俗谚“秧青麦黄，夫妻隔床”。农活紧张之际，母亲唤媳妇到自己房里过夜，以保证儿子休息恢复体力。如受条件所限不能分居，妻子要待丈夫熟睡后再上床睡觉。

### （三）坐唱草台

柳村八兄弟坐唱班，1921 年柳村（今属龙洲街道）林里宗创办，他的 8 个儿子是主要成员。长子林樟根正吹兼大花，次子林樟法副吹兼小花，老三林樟茂正吹兼正旦，老四林樟县正吹兼小生，老五林樟龙鼓板、正吹兼老生，老六林樟荣正吹、鼓板兼花旦，老七林樟松小胡琴兼二花，老八林樟年小胡琴。婺剧剧目有《珍珠塔》《双情义》《碧玉簪》《祭风台》《百寿图》《玉堂春》等 10 余个正本和《渭水访贤》《过江杀相》《伯牙抚琴》《辕门斩子》《武松打店》《金莲戏叔》《太师回朝》等 30 多个折子戏。三子林樟茂、六子林樟荣曾在周春聚班和兰溪包庆福徽班任正吹、鼓板、副吹等。老五林樟龙和老三林樟茂演唱的《僧尼会》，绘声绘色，闻名四方。1941 年后一度停止活动，1945 年恢复演唱。新中国成立后，在此基础上成立柳村业余农村剧团，后改名柳村业余婺剧团，八兄弟的儿女也纷纷加入，活跃在龙游、衢县、遂昌一带。灌区后田铺等村都有殿庙，每逢春耕报赛，他们都从田里登上草台，吹拉弹唱祈福风调雨顺，庆祝丰收报捷。岁令时节，吹吹打打，热热闹闹，祝福村民幸福安康，红红火火。1956 年春，浙江省民间歌舞团音乐家俞绂棠、赵松庭到龙游采风，将林樟茂、林樟龙、林樟荣、林金土等人演奏的“闹花台”改编为大型民族器乐曲《花头台》，参加北京第一届全国音乐周演出。

### （四）饮食习俗

生活习俗涉及人们的衣食住行，渗透着浓郁的文化底蕴，尤其是以稻作文化为背景的饮食习俗最具地方特色。主食米饭，菜肴以蔬菜为主，辅以豆制品及禽蛋鱼肉，有加工各种干菜和腌渍

品的习惯。平时注重节约、实惠，有多种节令食品，花工费力不厌其烦，实际上还是以粗粮细吃为主。习惯饮家酿米酒。

1. 烧粥捞饭

农家惯用。烧时多放点水，锅里米粒七成熟时用笊兜捞起，置饭钵中，放灶前灰塘里，以炭火余热煨熟保温。锅中剩下的，略加焖炖即成稀饭。

2. 粉干待客

粉干由米粉制成，清口、软而不腻，一般人家常备。可炒，可放汤，拌以猪肉、鸡蛋、青菜等，待客方便实惠。

3. 蒲包饭

旧时无饭盒，逢集体蒸饭就用蒲包，各人依饭量装米于蒲包中，束口，悬以标记，置大锅中蒸熟。也可先将蒲包连米浸胀，在清水中汰清，置大锅中蒸煮，提出沥干，再置大饭甑中蒸透即可食用。蒲包饭有蒲草香味，热天不易馊，出门劳作或行旅者多携带。但多次食用易患“热”病，嘴角糜烂。20 世纪 70 年代后绝迹。

4. 手拉面

面粉加水及盐，捏透搓成面团，待有面性后，切成条状拉细投沸水中煮熟，辅以佐料为汤。也叫“刀切面”。

5. 米豆腐

米浸入滤清石灰水或稻草灰水中磨成浆状，置锅中煮熟，凝结成黄色豆腐状，称“米豆腐”。可作点心甜吃，亦可作菜肴。昔农家自制自用，现市面上有售。

6. 米筛疙瘩

将小麦粉加水揉成面团，从面团上摘下小块，在米筛上两面压出印痕，丢锅中加入佐料煮熟食用。印有米筛痕的面疙瘩有一种美感，加了各种佐料的面汤味道鲜美。如果用荞麦粉风味更佳。

7. 饭果

将籼米在开水中煮成生心饭，捞出稍凉后置钵中或小石臼中捣成团，捏成枣形饭果，在锅中加油盐用猛火炒透，倒入生姜、蒜末再炒，加入清水烧开，然后拌入已炒好的鞭笋丝、平菇，加以酱油、黄酒、味精。使用煤气灶后，因锅太小捞饭不便已少有食用。

8. 葱花馒头

昔习惯用于春节期间待客，现早餐店常年有售。馒头馅的原料是葱白、猪肉、鲜萝卜丝和笋丝等（用料也可视条件和口味自行搭配），先将各种馅料切碎炒熟，再将馒头置炊笼中蒸软，将馒头破口，用拇指将馒头芯捏出空腔，填入馅料，加热后食用，见图4–11。

**图4–11 葱花馒头**（县地方志学会供图）

9. 肉圆

做肉圆的淀粉旧时用蕨粉、葛粉，现在一般用番薯粉。将肥猪肉剁细成糜，加入适量萝卜丁或笋丁，有的还加入少量豆腐渣，和淀粉拌成半糊状。炊笼垫上芭蕉叶，用圆勺将粉糊舀于叶上，

**图4–12 肉圆**（县地方志学会供图）

叠于锅上蒸熟。肉圆性韧，有肉香兼芭蕉叶香，既可做菜，也可充饥。旧日在酒席上和馒头一起分发每个客人，供其带回家去。现早餐店常年有售，见图 4–12。

10. 油煎馃

称油煎馃的制作方法为“沸”。麦粉调成糊，将粉糊舀入馃提，在沸油中烫几分钟，然后舀入炒熟的馅料，再浇上粉糊，整个浸油中“沸”几分钟，再将半熟的馃坯从馃提中脱出在油中煎熟。以酥脆为特色。

11. 灌肠

籼米粉浸水后沥半干（也有直接用糯米的），拌以辣椒末、酱油、盐和味精等调味品灌入洗净的猪肠，用线扎成莲藕状放锅中煮熟，切片食用。

12. 炒番薯片

番薯收获后先存放一段时间，使其变甜。刨去表皮，切成薄片，在开水中涮熟捞出摊竹帘上晒干。选用干净沙粒在锅中炒烫，倒番薯片于锅中翻炒，待其颜色金黄，舀米筛中筛下沙粒即成，味道香甜，是孩子喜吃的零食。将番薯煮熟，切成条晒半干，置饭甑中炊蒸，再晒干就成番薯条，也是一种可口零食。乒乓球大小的番薯煮熟后风干，风味特佳，称“番薯枣”。

13. 做豆腐

农家常自制豆腐。黄豆浸水（天寒 12 小时，天热 4 小时）后磨浆，烧适量开水猛倒入盛豆浆的木桶中，盖上桶盖 10 分钟后，舀去浮在豆浆上的泡沫，滤去豆腐糟后煮开，就可以用盐卤或石膏溶液点豆腐。待凝结的豆腐花与水完全分离，将豆腐花舀入包袱布中包好压实，沥去水分即成。

14. 豆腐糟饼

家中做豆腐一时豆腐糟很多，可做成豆腐糟饼。将豆腐糟放在钵中压实，用手搓圆，再压扁，置竹帘上晒干，能存放较长时间。取用时可用油盐干炒，也可加其他佐料。

15. 夹糟豆腐

黄豆浸水磨浆后，连豆糟一起煮熟，称夹糟豆腐。不宜过早放盐，否则豆浆会见盐结成豆腐块。可加少许葱末以增加香味，嗜辣者可加红辣椒末，红白相间，民间戏称为“雪里开花”。也可和多种蔬菜、鱼虾等同煮。夹糟豆腐以手工磨成为好，电磨会发热并磨得过细，口感要打折扣。

16. 落汤青滚千张

民国志《物产》：“别有落汤青一种，形似大叶芥而略小，虽煮不黄，故名，味最清美。”用来烧千张丝，口味特别清爽。

17. 泥鳅滚豆腐

立夏前正是泥鳅肥嫩之时，将泥鳅养于桶内，水面上滴几滴菜油使其吐尽脏物。将豆腐和泥鳅及水放锅内用文火烧，加生姜大蒜等调料。由于水温逐渐升高，泥鳅都钻入豆腐中，两者的滋味充分混合，以鲜嫩见长。

18. 马鞭笋咸菜汤

清明后端午前马鞭笋肥嫩不麻口，切成薄片，炒熟后加咸菜或干菜熬汤，特别开胃。

19. 咸坛

立秋后，青辣椒洗净晾干放入陶钵或瓷坛，浸适量盐水，盖上棕榈叶用石块压实。七八天后，将略晒干的萝卜条置放辣椒底层盐水中，上压石块，数天即可取出佐餐。吃完又腌，只需在坛

内略加食盐，味道历久不变。也可投放豇豆、刀豆、大蒜等。城乡人家多有。

20. 压酱

大豆浸胀煮熟，拌以面粉，盖以黄荆枝叶使其发酵。待颜色转黄，摊置圆匾曝晒七八天，即成“酱黄”。然后加适量食盐，掺以凉开水调成糊状，置陶器中用白纱布封口，曝晒半月即成。可长期保存，随时取用。

21. 晒干菜

春夏之交，芥菜洗净切碎腌两天，晒一天后置饭甑内炊熟，晒干即成。制作干菜的鲜菜以九头芥、雪里蕻最佳。掺食盐为咸干菜，否则为淡干菜。

22. 豆腐乳

也称霉豆腐，一般在秋后制作。把豆腐切成一寸见方，放炊笼中，底部垫以干净的稻秆以免沾黏，叠笼盖严。七八天后待豆腐上有了黄色菌丝，则用菜油炒盐，夹豆腐蘸盐和辣椒末后叠放于甏中，注入适量米酒，密封甏口置阴凉处，数周后甏中有汤即可食用。如撒入少许胡椒风味更佳。也有把萝卜切成块一起腌制的。

23. 辣火酱

取红辣椒去蒂，切成小片拌入适量食盐，在石磨中磨成浆，入甏封口置阴凉处，随取随用。也有不磨浆的，其制法是将红辣椒逐个用干布揩净，剁碎后加入食盐、姜末、蒜末和味精，拌匀后装入陶甏或玻璃瓶中，随时取用。辣火酱要秋凉后方可制作，不然会起泡沫霉烂。龙游人多有饭桌上没有辣火酱便觉食之无味者。

24. 倒笃菜

将九头芥菜晒瘪洗净，晒软后剥下菜叶，切碎菜芯，置木盆中加盐反复搓揉，然后加红曲酒酒糟拌匀，用菜叶将碎菜芯包成菜团，逐层叠放甏中，叠一层铺一层红曲酒糟，并压实。菜甏装满后用箬叶封口，甏口朝下置阴凉处，可长期取用。由于菜甏倒笃放置，称为倒笃菜。

25. 晒萝卜干

萝卜洗净晾干后切成条，摊在竹帘上晒成半干，加盐搓揉使其变软，再加干辣椒末拌匀，装坛压实封口。也可将萝卜刨成薄片或刨丝，晒干后装坛封口防潮。萝卜成熟时间集中，产量又大，因此农家要加工成干菜保存。萝卜叶也可以加工成淡菜干或咸菜，虽略有苦味，却也清口。

26. 芋头丝

芋头刨丝晒半干，在饭甑中蒸过后再晒干贮藏。干芋头丝稍浸水后挤干，加佐料炒熟即可佐餐。

27. 豆糍

将糯米粉、南瓜干、橘皮、酱等拌辣椒粉、味精，置炊笼中炊熟，然后用筷子挑于竹帘上晒干贮藏。可现取豆糍佐餐，或切片加油盐炒后食用，也有作零食的。

28. 烘鱼干

将鱼洗净，用菜油煎过。空锅中摊上米糠，将清理过的稻秆剪短，铺于米糠上，再将鱼摊在稻秆上。盖上锅盖，点燃柴火，使锅内米糠烤焦生烟将鱼熏成金黄色，然后取出摊于竹帘或米筛上

图 4-13　烘鱼干（县地方志学会供图）

晒干。还有烘泥鳅干，制作方法相同。鱼干加切碎的辣椒炒熟，用水少许焖透，是颇有特色的菜肴，见图 4–13。

## 二、民间艺术

### （一）民间舞蹈

流传历史悠久，形式多样，其起源往往和祈求风调雨顺、驱灾辟邪的目的有关，有着约定俗成的规矩和制度。稍大村庄或祠堂都有一种或数种，以龙舞最流行，祠堂越大规模也越大。新中国成立后祭祀、迎神色彩淡化，渐成为以娱乐为主的民间活动，走村串户的迎灯活动则一直流行。

1. 龙舞

舞龙灯的本意是灌区人们在大旱时节“接龙”求雨，寄寓人们祈求风调雨顺的愿望。一般均以村庄为单位制作，因材质形制的不同而呈现其多样性。民国志卷二《地理考 · 风俗》有“制龙灯自数十节至百节不等，进城祀神并游街市”之语。随着水利条件的改善，龙灯的迎神色彩逐渐为娱乐所取代。

2. 狮舞

舞狮子民间称之为狮子灯，又称“清洁灯”，其功用就是借用瑞兽的神灵驱邪避瘟，护佑一方平安。清咸丰、同治年间太平天国战争后，县内人口锐减，瘟疫蔓延，“清洁灯”盛于一时，现存的不少舞具就是那时候制作的，溪底杜村的麒麟也于这一时期创制。

3. 灯舞

采茶灯及各种马灯是表演性的民间娱乐形式，有较多戏剧因素。采茶灯的“采茶”并非单一的“摘茶叶”之意，还含有“进茶”“献茶”的意思，原本是大户人家待客的礼数。这类花灯也参加各种灯会活动，故民国志卷二《地理考·风俗》中有“村童并骑走马，唱采茶歌以为乐”的记载。

4. 县城正月灯会

据民国志卷二《地理考》载，自正月十三日起，至二十一日止，灌区及县城各社有社庙分头祀神。城中十社于城隍庙轮值演剧祀神。街市悉张灯彩，入夜燃爆竹恒达旦不休。村童并骑走马，唱采茶歌以为乐。复制龙灯自数十节至百节不等，进城祀神并游街市。城中则于十九日赛会，各肆必出一灯，钩心斗角形状不一，二十一日迎之。至各乡市镇，或以十三日或以十五日、十七日、十九日亦有舞龙、舞狮、迎灯之举。灌区诸村户、店肆俟神经其门必燃爆竹，必爆竹尽然后行，故行甚缓。而灯节至神入庙始解，较他处独久云，见图 4–14。

图 4–14 水神灯（黄芳浩 供图）

## （二）民间歌谣

是社会生活和民情风俗的写照与折射，相传至今，具备丰富的史料价值。兹选录灌区部分流传较广、乡土气息浓郁者，以见

一斑。

1. 讲大旱灌区及灾区民不聊生的《道光十五年》：道光十五年，大旱一百天。田稻都晒光，逃荒进灵山，讨饭到寿昌，野菜都吃光。

骂农村中的懒汉的《懒汉谣》：懒汉怪，懒汉丑，一件罩衫千张口，破鞋爬出猢狲头。一日打鱼千日晒网，秧稗高出自家头。饿煞鳏公鳅，晒死过水丘。

2. 女人诉说商人丈夫长期外出经商未归辛酸的《丈夫出门十八年》：哭公鸟，叫连连，丈夫出门十八年。没伲（子）没囡（女）真可怜，三寸金莲下烂田。二石田种到大溪沿，二石田种到山边沿。大水冲来冲着奴格（我的）田，日头晒来又晒着奴格田。种起稻来青艳艳，生出谷来两头尖，舂起米来白鲜鲜，磨粉做馃光圆圆。猪油包，菜油煎，想想没伲没囡吃个添。

3. 反映农民生活趣逸的《十二月劳逸歌》：正月陪陪客，二月铲铲麦，三月饿一饿，四月有麦磨，五月苦一苦，六月吃歪肚（撑饱），七月割割稻，八月吃不了，九月割割柴，十月拖拖啊（鞋），十一月看看戏，十二月“做皇帝”（躲债）。

4. 调侃做戏班子艰辛的《穷戏班》：叮叮当，彭彭当，十八戏子敲箱杠，一敲敲到后村坊。朝（什么）班子？小鬼班；朝（什么）行头？破被单；一只篰笼一只箱。

5. 戏谑开酒楼家庭歧义的《造酒楼歌》：娘（姑娘）造酒楼光朗朗，酒楼内里花成行。走马楼上红漆磩（柱），金鸡开翅配凤凰。《拆酒楼歌》：内一堂来外一堂，桶盘上面起高堂。层层叠叠是娘造，我郎来拆勿学娘。

**（三）道情**

民间称“唱新闻”。艺人长年串村走镇，村头田边，纳凉曝日均可演唱。村人提供食宿，付定报酬，大多地方公产开支。有些茶店为招徕生意，请来说唱。流行较戏曲早。通常一人演唱，表、白、唱结合，一手击拍竹筒渔鼓，一手握两根长竹片，相击出声，作伴奏。昔说唱者多盲人，现不多见。演唱道白用方言俚语，生活气息强烈。唱词多七字句，末一字押韵。正本前有“滩头”，演唱者据当地新闻即兴编唱。正本也常说唱当代奇案异闻，故称“唱新闻”。曲目《珍珠塔》《双金花》《铁灵关》等全本40余，以及《十二月水果》等民间歌谣改编之滩头。新中国成立后，曲艺工作者自编唱词，或新编曲目，为宣传中心工作服务。1986年，杜春燕、袁耀明、杜燕飞分获浙江省曲艺新曲（书）目比赛演员二等、三等及演出纪念奖。牟学农创作唱词《张虎子和肖伶子》获创作二等奖，见图4–15。

图4–15 道情（郑苏华 供图）

## 三、民间故事

1. 跑马划线

兴修水利，谁也不愿渠道往自家地里过。古时科技水平低下，

大范围开渠定位，困难大，矛盾重，举旗难定。县令察儿可马有胆有为、多谋善计，猜出田主们的心思，胸有成竹想出奇妙的一招：既然开渠引水大家都赞同，那就由县衙采取有利灌区大家、不徇私情、不偏不倚划定渠线的方法。选两位英俊剽悍、身强力壮善使唤战马的骑士，各骑一匹大马，马尾系灰包，从姜席堰渠首开始，分东西两个方向沿终点目标，途经田畈直奔终点，马尾上系着的石灰包沿着马奔方向一路撒石灰，石灰撒到哪里，渠线就定位哪里。结果两渠线弯弯曲曲，西线一直到詹家芝溪河边，东线绕过县城一直到城郊驿前衢江边。这就是古时渠线定位的传说。这两条渠线经元、明、清至民国，边使用边疏浚，一直沿用。

2. 姜公和席公的传说

姜席堰建设耗资巨大，县财力拮据，察儿可马采用贫者出力、裕者出资、各显神通协力筹办的办法，以免缴三年皇粮，动员姜文松、席寰泰两位员外各承担一座堰的巨资，同时委任姜、席两位专司堰坝工事。两员外乐于行善，力负其责。由于缺乏经验，加上灵山江水汛时凶猛，其间屡建屡毁。三年内姜、席两员外虽一心扑在工程上，耗尽了所有积蓄和家产，但还是超过了朝廷核准的建堰期限。传说在堰坝完工之后，两员外异常辛酸悲痛，一方面堰虽建成，可以告慰百姓；另一方面有违圣旨，在劫难逃。于是，就纵马直奔蛇头岩，望着灵山港水终被引进堰渠流淌进农田时，跃马投入大井潭自尽。姜席两员外因建堰有功，后人在山头外村建堰神庙一座，内设姜公、席公两尊塑像，以作纪念。民国十六年（公元 1927 年）省政府向堰神庙赠匾一块，上书“惠我农众”四字，赞颂所有为治水作出贡献的人。

3. 水碓奶的故事

沿着姜席堰东干渠和西干渠道，古渠上数百年历史的水碓就有三十爿。讲起“水碓奶”，山底村、柳村一带的人无人不知、无人不晓，因为她是柳村三堰头自然村张家水碓的主人，也因为她的热心、勤劳、好客，博得乡里乡亲的称赞，兴隆的生意也给她的家带来了财富。可大家很少有人知道她的名字叫徐芝兰，是水碓改变了她的命运，也改掉了她的称呼，她的亲身经历也见证了张家水碓的兴衰。说起她家的水碓，水碓奶滔滔不绝。她原本是衢江边上的马叶姜家村人，“依江沃土望江渴，无缘活水灌良田”，这是对马叶姜家村的真实写照。姜家村虽坐落于衢江岸边，但世世代代眼看衢江水滚滚东流而去，无力使水入农田，只能守着旱地种点番薯玉米养家糊口。“姜家萝卜丝，苞萝番薯粥”，就是当年村民的生活主食。穷则思变。水碓奶的父亲徐焕庭是个既勤劳又机灵的人，为使一家子的日子能过得舒服点，做起了牛贩子，俗称“牛伢郎”。从此经常外出赶集贩牛，时隔不久，便和龙游大畈柳村三堰头的张家水碓的东家张土荣结成了贩牛好友。一天傍晚，徐焕庭在牛市上应张土荣邀请，到他家吃中饭，中间有媒人做媒，把徐家女嫁给张家男。徐焕庭看了他家的水碓，心里甜滋滋的，心想我女儿的“好福气”来临了；但远远地见过张家男儿一面，看到男个头儿矮小，脸上有麻子一片，却好像给他泼了一盆冷水。徐芝兰，十六七岁时活泼奔放，酷爱读书，不顾当时家贫地瘠，一心想进城上学，好有个出头之日，对这场婚姻一百个不愿意，因为从来没有看见过新郎官。张土荣家旁的水碓，引起了徐焕庭深思。水碓，是人们利用水动力进行舂米榨油的工具，姜席堰西渠上二十爿水碓，一路下来，到张土荣家，中间经过十

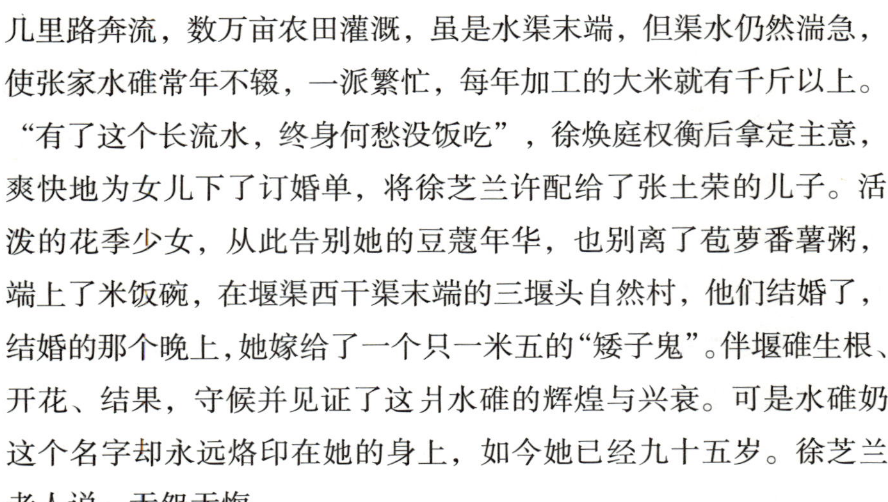

几里路奔流，数万亩农田灌溉，虽是水渠末端，但渠水仍然湍急，使张家水碓常年不辍，一派繁忙，每年加工的大米就有千斤以上。“有了这个长流水，终身何愁没饭吃”，徐焕庭权衡后拿定主意，爽快地为女儿下了订婚单，将徐芝兰许配给了张土荣的儿子。活泼的花季少女，从此告别她的豆蔻年华，也别离了苞萝番薯粥，端上了米饭碗，在堰渠西干渠末端的三堰头自然村，他们结婚了，结婚的那个晚上，她嫁给了一个只一米五的“矮子鬼”。伴堰碓生根、开花、结果，守候并见证了这爿水碓的辉煌与兴衰。可是水碓奶这个名字却永远烙印在她的身上，如今她已经九十五岁。徐芝兰老人说：无怨无悔。

4. 鬼剃头

古时，寺后有家法安寺，寺后由此得名。在寺后村有个叫和尚碓的小自然村，居民的老屋紧挨着水碓屋。旧时加工粮食主要靠水碓来完成。寺后没有水碓前，农民们要挑着稻谷到好几里路外去舂米。为了方便寺僧和村民们的生活，法安寺方丈出面募集资金，在寺庙西面一里路左右的地方，利用姜席堰东干渠水的落差建起一爿水碓。因该水碓由法安寺出面建造，归和尚管理，于是被称为和尚碓。后来，这里成了一个很小的自然村，地名就叫和尚碓。和尚碓的碓屋内共有八个碓臼，按照大小顺序排列。靠水轮最近的一个碓头是最大的，称作头碓，配上大石臼；离水轮最远的一个碓头最小，配上小石臼，还有一个大石磨，磨盘直径有一米五。据说，做轮轴用的那棵大榆树，取材于沐尘，用三十个青壮年才把它抬到灵山江里，水运至寺后。民国初年，龙游城里有一家面粉店的老板名叫桂弟侯，生意做得红火。有一次桂老板运了一批小麦，到和尚碓加工面粉。这桂老板生性放荡，中午喝了几碗米酒，乘着酒兴，爬到磨楼上。看着那旋转的磨盘，桂老板突然心血来潮，竟爬到了磨盘背上，两手抓住磨斗，任石磨转了一圈又一圈。在磨楼上操作的伙计们好言相劝，都被他骂个狗血喷头。当时渠里的水不够满，水力不足，碓老板只得劝说几个舂米的农民把水碓吊起来，以保障桂老板磨粉用水需要。但不想桂老板却爬到磨背玩耍起来，于是几个等着舂米的农民提出了抗议。桂老板财大气粗不予理会，仍坐在磨盘背上洋洋得意。突然，从装着小麦的磨斗中伸出一只毛茸茸的手来，只见那只手用剃头刀在桂老板头顶上一剃，便很快地缩了回去。桂老板被吓破了胆，“妈呀”叫了一声，整个身躯便像装满小麦的麻袋一样滚了下来。伙计们大惊失色，连忙扶起桂老板，桂老板满头乌黑的头发已被剃去了一大片。后来人们就给桂老板起了个绰号叫“鬼剃头”。

5. 鬼子进水碓

抗日战争时期，有一支日本侵略军驻扎在寺后村。日本兵从老百姓家里抢来稻谷，强迫张加骏等几个农民，挑到和尚碓舂米。在水碓里舂米，吊碓这一关是很有窍门的，要趁碓头往上升时，顺势把碓托住，伸出右腿把碓齿垫住，然后腾出左手把吊索套进碓耳内。一个日本兵站在一旁看得入迷，觉得这玩意儿实在新鲜，也想动手试一试。他把枪靠在墙根，走近石臼边，正要用双手去捧碓头时，那碓头猛地抬了起来。鬼子兵躲避不及，下巴被碓头猛力一击，“哇”的一声向后仰去，摔在地上不省人事。张加骏等几个农民决定来个一不做二不休，关上碓门，脱下衣服，使劲把鬼子兵的鼻孔和嘴巴闷住。不到片刻，那鬼子兵便命归西天了。和尚碓附近有块高地叫作青墩，是一片坟地。张加骏几个人把日本兵的枪和水壶埋好，把日本兵的尸体拖到青墩藏进一坟圹内。

日本鬼子撤离龙游后，张加骏把那支枪和水壶取了出来，到新山水村找到了越狱后在家避险的童坤，参加了新四军部队。那只水壶上刻着“介岛雄夫”四字。后来，介岛雄夫的父母就是凭这只水壶，找到了埋在青墩的儿子的尸骨，将其带回日本安葬。

6. 没尾巴龙吊清明

相传，灵山江里一条放竹排用的篾缆，天长日久成了龙精，投胎来到人世。父亲在他出世不久便死了，母亲为把他拉扯大，替人家洗衣服赚点铜钿，母子俩艰难度日。龙精长大后，凭自己的聪明，成为饱学之士。为了替他筹措盘缠进京赶考，母亲瞒着他到江西为富户当用人。龙精进京赶考，本已考中，却因没钱孝敬主考官而落了榜。回到家，又知母亲已因劳累过度，死在江西。龙精悲愤至极，便跃入灵山江现出原形，兴风作浪，要冲毁这不公道的人世。这事惊动了神仙，便来问罪，龙精斗不过神仙，被砍断尾巴，逃进东海。没尾巴龙入海后，不忘母亲养育之恩，每年清明节都要去江西祭拜。去时急匆匆大汗淋淋，回时慢吞吞伤心落泪。所以龙游姜席堰一带，每年清明前三天后七天这段时间总没好天气，不是风便是雨，有时还是狂风暴雨。

7. 龙山、虎山的故事

官潭风景灵秀，灵山江从这里蜿蜒出山，进入平川。山口东岸是龙山，山势迤逦；西岸是虎山，山势高耸。两山对峙，构成官潭村的第一重大门；第二重大门则由东岸的狮山和西岸的象山构成。龙、虎，狮、象两两对峙，形成把守村庄的两道关口。官潭村对岸溪东村后的小山中，有一方风水宝地，叫作“天子地”，过世的人葬下，后代必出天子。传说宋朝时官潭的“天子”已经出世，可惜一出世就被官兵捕杀了。天子既出，又怎能捕杀？主要问题就出在龙山和虎山。龙、虎二山的神灵夜间常在灵山江深潭中玩耍，有一天，有个夜航的船夫听见前面水声澎湃，十分害怕，就用竹篙猛击水面，不料触及了水中的龙虎二神。龙虎二神受了惊，连忙逃避，慌乱之际走错了方向，变成龙头朝上，虎头朝下。按理说应该龙下水、虎上山才能发挥威力，现在形成龙上山、虎下水之势，这龙虎二神也就没力量来保卫天子了。官潭村斜对面还有一座旗山，山崖上矗立着一块三角形石壁，颜色鲜红，像一面巨大的三角形军旗。在山脚江畔，又有一块巨石形状如鼓，据说原本能够随水浮沉，再大的洪水也不会淹没，鼓旁的深潭就叫作旗鼓潭。后来，一位渔妇夜宿，在鼓旁的小渔船上生孩子，随手把血布裙晾在石鼓上，石鼓被玷污，失去了灵气，再也不能随水浮沉，也就敲不响了。石鼓敲不响，军旗便不能舞动，就无法调兵遣将。这样一来，原先安排好的狮元帅、象将军以及其他一些将士也就不能及时赶来保护天子了。还说有一个叫项家将的青年，是个力大无穷的壮汉。这天他正在山垅中耕田，听说官兵来抓人，把犁往腰中一插，一手挟起牛，就赶回家告别母亲说要去救天子。母亲听他说要去打仗，死活要烧饭给他吃，等他一碗饭下肚，走到一条岭上时，得到天子已被官兵捕杀的消息。他恼恨地一跺脚，岭上出现一个一尺三寸长的草鞋印，那条山岭就被后人称为草鞋岭。

## 四、诗文

### 太末城南散步

黄孙灿

独步江头看晚色，柳条长短拂人衣。水清沙白鱼可数，日落

风高鸟倦飞。远树重重烟欲暮，片帆叶叶去还稀。归来且向僧寮宿，新月林中扣竹扉。①

## 春日村居

邵宸

为爱村居静，村夫子亦佳。卷帘放归燕，移榻避鸣蛙。三月绿秧水，一篱黄菜花。寻春有清兴，无奈雨如麻。②

## 半春诗和友人韵

陈豹奇

春风撩乱欲何之，取次花丛索笑时。折柳年光风似剪，卖饧天气雨如丝。蚕眠蟹簖刚催妇，燕啄芹泥待哺儿。记得从前游冶兴，酒行湖舫不论卮。③

## 灵山道中记所见

叶闻性

笋舆迎和风，出入丛篁径。春泉汩汩流，众响入清听。冥心默相酬，宛如僧入定。岩峦若送迎，苍翠互争胜。蜿蜒数十里，不绝盘飞磴。瞥见白石山，润色如玉莹。突兀峙平田，戛击类浮磬。作记方青峒，斯文实堪赠。灵山寺喧嚣，贩夫等云阵。更饶余客妇，裙裤不掩胫。竹髻裹花巾，珠珰悬两鬓。负担胜健儿，入市群相趁。

① 见民国志卷三十九《文征》。黄孙灿，字海樵，仁和（今浙江杭州）人，著有《听雪楼稿》。

② 见民国志卷三十九《文征》，注曰：“采自《两浙辅轩录》。”作者字枫庭，乾隆四十五年（公元 1780 年）恩贡，有文名。

③ 见民国志卷三十九《文征》，注曰：“采自《两浙辅轩录补遗》。”陈豹奇，清乾隆五十三年（公元 1788 年）任龙游县教谕。字武章，号菊常，仁和（今浙江杭州）人。

乍逢骇见闻，顿令我目瞪。讵意邻壤邦，言服同鬼伥。是用歌短章，凭轼遣逸兴。[①]

## 禁河谣

叶元祺

前年米贵故禁河，禁河直至六月过。剧邑人人饱欲死，有谷无钱将奈何。去秋早趁河未禁，船船出运下游多。木砻水碓无暇晷，白米雪色辉生箩。尽此三冬犹未足，千斛万斛今岁续。米价如潮逐日昂，转叹有钱又无谷。乃知小民生计宜自谋，一经官长手即束。河不禁，饥不速。富家有米皆深藏，贫儿相对青铜哭。[②]

## 龙丘竹枝词三首

张景诒

十社春光火共悬，春来赛会趁晴天。沿途箫鼓声声闹，为送城隍去拜年。

唐家旧将溯张巡，送往迎来春复春。半郭半村都演剧，竟传灵异胜他神。

满地黄花月纪元，裙钗相约出东门。祈男争拜观音去，托把签书仔细翻。[③]

## 别弟

姜芸媛

秋风江上雁声寒，握别无言泪自弹。有疾恐伤慈母意，须将

① 见民国志卷三十九《文征》。叶闻性，清乾隆年间衢州西安（今分设为柯城区、衢江区）人，著有《自娱集》。

② 见民国志卷四十《文征》作者字祈曾，号吉臣，社阳乡大公村人，同治十二年（公元 1873 年）拔贡。凤梧书院山长，有著述。

③ 见民国志卷四十《文征》。张景诒，字伯循，清末龙游县城人。

佯语报平安。

## 孤燕

姜芸媛

绿河失偶且依依，三月春风独自归。记得去年秋社日，窗前辞别向双飞。[①]

## 饥鼠谣

祝鸿逵

寇来兵逝官亦避，农人冒险图生计。寇侵匪迫窜棘丛，哭诉无门惟陨涕。虎狼爪下庆余生，寇去兵来官亦至。回家仓廪如洗空，晚禾都没丛草中。兵来要米官要谷，转眼仓中饥鼠哭。[②]

## 龙游道中

徐震堮

溪水潺潺向北流，括州行尽入衢州。灵山万瓦如城郭，无复荒江吊脚楼。

（水至溪口南北分流，遂昌迤北人烟渐稠密，邑之北界及龙游之灵山，皆万瓦鳞鳞，气象郁葱，处属城邑转不逮也。[③]）

## 走近姜席堰

杨新元

姜席堰有“龙游的都江堰”之称。应该说，我们从钱江源顺

---

① 以上二首见民国志卷四十《文征》。姜芸媛（1867–1915），女，湖镇下田畈人，嫁官村祝村祝绍尧，撰有《芸媛女士剩稿》。

② 见2017年版《龙游县志》·《诗选》，祝鸿逵（1905–1979），官村祝人，姜芸媛之子，任龙游图书馆馆长，存《祝鸿逵诗抄》。

③ 载《龙游诗选》99页（团结出版社1990年2月出版）。徐震堮（1901—1986），字声越，浙江嘉善人，华东师范大学教授。诗作于1941年。

流而下采风，去看一看这座灵山江（灵溪）上的古堰，是必须的。下午，在考察了龙游古民居苑后，我们就驱车前往姜席堰的所在地——灵山港下游后田铺村。

汽车出龙游县城后，在不宽的水泥路上一路前行。今天天气很热，已有夏天的感觉。加上几天的疲劳，人有点昏昏欲睡。大概行驶了半个小时，汽车在一个宽阔的堤岸边停了下来。县里陪同的黄国平局长招呼大家下来，说姜席堰到了。我走下汽车，顺着黄局长所指的方向向前看，明丽的阳光下，只见一条波光粼粼的河流就在眼前。“这就是闻名于世的姜席古堰。你们看，水多么清，附近村庄住民经常到这里来游泳。这条灵山江，是我们龙游人的母亲河，现在仍然也是一条可以游泳的河。”黄局长是土生土长的龙游人，看得出，对灵山江这条河流充满了感情。我们边向河边走去，边听黄局长介绍姜席堰的前世今生。

姜席古堰从建成至今，已有680多年的历史。相传，堰为元朝至顺年间（公元1330—1333年）达鲁花赤察儿可马的任上所建。姜席堰枢纽工程由上堰、沙洲、下堰、汇洪冲沙闸以及渠首分水闸五部分组成。黄局长是个龙游通，考察古民居时，他如数家珍。现在讲姜席古堰，他又门儿清，讲得头头是道。他指着河中的沙洲堰坝告诉我：“你看，整个枢纽就是以河道中的沙洲为纽带，上联姜堰，下接席堰，组成一条长约六百三十米，略似直角形的拦水坝。在河道上利用沙洲堰坝组成为一体的大胆构想和高超的筑堰技艺，是姜席堰的一大特色，在我国的治水史上十分罕见。”

我仔细地看着这座有着六百多年历史的姜席堰，发现这道由一块块方形岩石砌成的拦水坝，确实非常有形。一块块岩石，虽

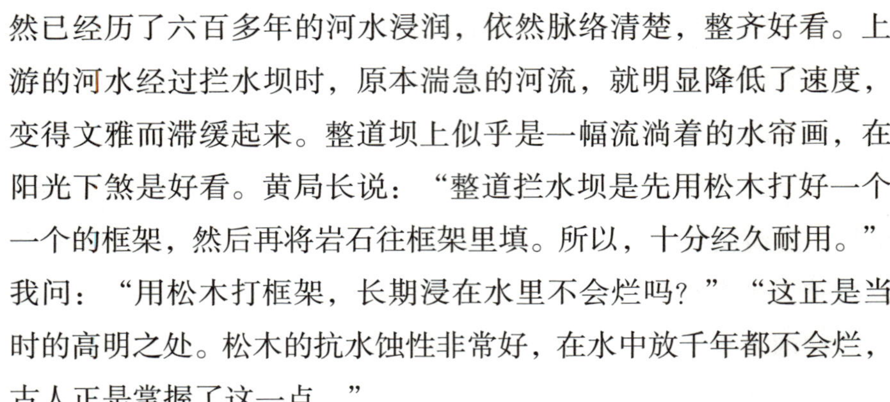

然已经历了六百多年的河水浸润，依然脉络清楚，整齐好看。上游的河水经过拦水坝时，原本湍急的河流，就明显降低了速度，变得文雅而滞缓起来。整道坝上似乎是一幅流淌着的水帘画，在阳光下煞是好看。黄局长说：“整道拦水坝是先用松木打好一个一个的框架，然后再将岩石往框架里填。所以，十分经久耐用。”我问：“用松木打框架，长期浸在水里不会烂吗？”“这正是当时的高明之处。松木的抗水蚀性非常好，在水中放千年都不会烂，古人正是掌握了这一点。”

此刻，我默默地站在石头砌成的岸边，看着清澈的河水从上游流下来，经过姜席堰流向远方，心中对古人治水的智慧充满了崇敬。河的对岸，是绿荫覆盖、连绵起伏的山峦。沿灵山江两岸的绿化非常好。这里，可以称得上是山清水秀，环境一流。我想，如果古堰会说话，它一定会告诉我许许多多有关龙游历史变迁的往事。新中国成立以来，党和政府十分重视姜席堰的保护与修缮。据县水利志记载，从 1950 年国家投入大米 7.4 万斤用于修建姜席堰护岸工程，到 2013 年，已先后不少于 15 次对堰、渠进行程度不同的修复、加固、改建。累计投入资金 5000 余万元。正是这种种努力，才使姜席堰至今还在滋润灌区的农田，造福龙游百姓。我看到，姜席堰今年又在整修加固，岸边有机械在施工。

一座六百多年的古堰，数百年来一直默默地发挥自己的作用，滋润灌区，造福百姓。这就是一种无私的奉献精神。当今社会，经济发展，人们对生态环境的要求尤其对水环境提出了更高的要求。省委、省政府顺应民意，提出“五水共治”，还老百姓一个山清水秀的生存环境。我想，在新一轮的治水工作中，我们不是更需要发扬姜席古堰所展示的奉献精神吗？想到此，我眼中的姜席古堰变得更加生动、高大起来。①

## 都江堰、灵渠、姜席堰、长渠成功申报2018年世界灌溉工程遗产

刘一荻　李云鹏

今日，记者从水利部了解到，国际灌排委员会第69届国际执行理事会目前正在加拿大萨斯卡通召开。当地时间8月13日晚，执理会全体会议上公布了2018年(第五批)世界灌溉工程遗产名录。中国的都江堰、灵渠、姜席堰和长渠4个项目全部申报成功。

记者获悉，中国前四批申报成功的世界灌溉工程遗产包括四川夹江东风堰、浙江丽水通济堰、福建莆田木兰陂、湖南新化紫鹊界梯田、浙江宁波它山堰、安徽寿县芍陂、浙江诸暨桔槔井灌、陕西郑国渠、江西泰和槎滩陂、浙江湖州太湖溇港、宁夏引黄古灌区、陕西汉中三堰和福建宁德黄鞠灌溉工程等13个项目。加上本次公布的第五批，中国的世界灌溉工程遗产项目已达17处，是拥有遗产工程类型最丰富、灌溉效益最突出、分布范围最广泛的国家。世界灌溉工程遗产已经成为中国水利文化走出去的主要载体。

据了解，世界灌溉工程遗产是专业型世界遗产，由国际灌排委员会于2014年设立，目的为保护、挖掘和推广具有历史价值的可持续灌溉工程及其科学经验，每年申报评选公布一批。今年为第五批，除中国申报的4个项目外，还有来自其他4个国家的10个工程一同入选。

中国是灌溉大国，也是灌溉古国，灌溉历史与中华文明的历

① 本文2014年4月18日刊登于浙江在线“钱塘江抒怀”，杨新元，浙江日报高级记者。

史同样悠久。特有的自然气候条件，使灌溉成为中国农业经济发展的基础支撑，历史上产生了数量众多、类型多样、区域特色鲜明的灌溉工程。近年来，灌溉工程遗产的影响力逐步扩大，已经成为水利文化面向社会传播的主要载体。此外，历史灌溉水系是许多古城、古村镇的重要环境保障和文化基因，科学保护灌溉工程体系、挖掘传承区域特色水利历史文化，是乡村振兴战略实施的重要环节。延续至今的灌溉工程遗产都是生态水利工程的经典范例，研究挖掘其科学技术价值和历史经验，对当前水利建设发展具有重要现实意义。

记者了解到，国际灌排委员会（ICID）成立于1950年，是以国际灌溉、排水及防洪前沿科技交流及应用推广为宗旨的专业类国际组织，成员包括74个国家和地区委员会，覆盖了全球95%的灌溉面积。本次会议自8月12日开始，其间除灌排大会学术交流、执行理事会及各技术工作组会议外，还包括多场专题研讨会或专题论坛、区域工作组会议及技术展览等。会议将于8月17日闭幕。[①]

① 本文2018年8月14日刊登在“央广网”北京，刘一荻，央广网记者；李云鹏，中国水利研究院博士、高级工程师。

# 第五章　遗产价值

姜席堰虽经大大小小数百次洪水的冲刷，主体结构未被破坏，这充分证明当初选址的科学与其工艺技术的高超。姜席堰的运行管理，遵循着自然运行的生态法则。世界灌溉遗产委员会评价："姜席堰是古代山溪性河流引水灌溉工程的典范。其工程布局、工程技术体现了传统水利中'天人合一'的基本理念，蕴含着深厚的历史文化价值和科学技术价值。"这种尊重自然、天人合一，顺应河势、水势，不过多人为干扰河流的生态治水理念，体现了对自然规律的尊重和应用，反映了人与自然的和谐相处与平衡共生，这正是姜席堰主要的技术特征和价值所在。

## 第一节　科学与技术价值

遵循中国哲学思想兴建的姜席堰，蕴含着"天人合一，道法自然"的自然法则。在当时生产力水平极其低下的元代，古人因地制宜、因势利导，利用有效又妥善的地理环境，巧妙利用灵山港河道的自然特征，合理布局各枢纽建筑物，使其形成一个有机"人法地，地法天，天法道，道法自然"整体。

## 一、典型的山溪性河流环境

浙江龙游县，属亚热带季风湿润气候，雨水充沛，坐落在金衢盆地，南部为山区，北部为平原，年均降水量 1761.9 毫米。公元 14 世纪，姜席堰在穿城而过的灵山江上兴建，源于仙霞岭山脉，引水开渠，巧夺天工，灌溉了下游 3.5 万多亩良田。发现这些因素，探究这些因素变化规律，因地制宜、因势利导就可以形成科学治水的方法，积极减少河水流速，科学消减洪水破坏力，注重河道景观和生物多样性的思维，就形成了姜席堰水利工程遗产的典型性。由此，姜席堰一直保存并永久被利用而惠民，着实不简单，作为山溪性河流的环境，这种代表性构成了世界灌溉工程遗产的种类。姜席堰渠首工程至今保持原布局、形制、结构和工艺，其技术可谓是巧夺天工。山溪性河流不容易蓄水，荣枯期明显，每年梅雨季节河水暴涨，容易发生泥石流地质灾害，届时，河床堰塞，就会冲毁堰坝；而梅雨季节过去进入下半年，旱情异常严重，坝脚干涸，容易风化断裂，损毁严重。掌握这气候条件的规律性，龙游先民因地制宜地总结并形成了尊重自然、道法自然生态治水的理念。姜堰、席堰、沙洲、引水道、冲沙闸、进水闸这些工程位置、形态及走向等均与灵山港河床走势、水流形态、不同季节来水及流沙变化相互契合，达到了引水、分水、泄洪、排沙各司其职的目的，保留了河道原有的水流特性和地理特征，不对周边环境产生负面效应，体现了古人对河流特性和自然规律的认识，显示了人们尊重科学和严谨治水的态度。灵山港属山溪性河流，河道形态蜿蜒曲折、河岸植被茂密、河床起伏多变，有多年冲积形成的沙洲、浅滩、深潭、凹岸、凸岸等，还有龟山、蛇山等，这些山水的组合，使它们各尽所能，发挥积极的作用，这些都是几千年历史以来，日积月累演变而成的。面对今天过多地干扰河流，造成新的治水生态问题的行为，工程遗产的这种生态、科学的设计理念，非常值得研究和借鉴。

## 二、科学的工程选址布局

姜席堰选址于灵山江从峡谷过渡到平原的咽喉位置，确保了其下游平原最大面积的自流灌溉。引水渠利用了蛇山岩体与沙洲之间的天然通道，做到因地制宜。既保障灌溉需水量，多余洪水也可通过堰顶溢流下泄，堰体兼有引水、排洪排沙、通航等功能。姜席堰古代灌溉渠系共有东、西两条干渠，历史记载，清代康熙年间最多灌溉面积达 5 万余亩，1949 年以后，姜席堰渠系经过整合优化，目前灌溉渠系有总干渠和东、中、西三条干渠，总长 30.87 千米，分别承担着分水、节制和退水等功能。

### （一）工程选址

水利工程最关键的问题就是选址，坝址选择对工程结构稳定性至关重要，尤其灵山港这种暴涨暴落的山溪性河流，对堰坝基础抗洪水冲刷破坏的能力，心须要有充分的评估。姜席堰选址可谓巧夺天工，堰址选在灵山港从南部山区过渡到平原出山之咽喉，河道地势相对较高，在此处筑堰与下游地带有较大的落差，不仅最大限度地保证农田面积的自流灌溉，实现灌溉效益最大化，而且河道出了山口，江面骤然变宽，流溢面积增大，流速减慢了，对堰体冲刷破坏也减小了。另外，此处河床岩基裸露，河床稳定，既节省工程投资，又确保工程持久安全运行。姜席堰的修筑见证了金衢盆地的灌溉农业发展历程，见证了区域社会经济文化发展

的悠久历史文明，见证了龙游对江南水利工程技术的创新，具有重要的、较高的科学价值。在此，因地制宜修筑堰坝，节省两岸防洪堤工程的修建投资，还能减弱洪流的冲力，避免洪水对两岸的冲刷破坏，河道摆幅影响极小，有利于堰坝稳定和河床稳固，见图 5-1。

图 5-1 枢纽工程平面布置（王胜、饶峰 供图）

### （二）工程布局

河道上自然形成的沙洲比比皆是，随着洪水冲击或人为在河道上挖沙取石、兴建水工设施等，沙洲往往会移位变迁，人们对河道的变迁常以“十年河东、十年河西”谚语来形容，说明沙洲的形成、两岸的坍陷、田地的冲毁、河床的改道等变化是常态，是规律。洪水是一匹脱缰的野马，不能任其无拘无束地驰骋奔腾，使沙洲移位易变。古代先民河运利用沙洲选址建堰，是总结经验、探究规律、掌握科学。沙洲位于主河道上姜堰下偏北，形似腰子状，现有面积 70 余亩，洲高程为 63.30 ~ 64.40，略高于堰顶高程。利用沙洲上游分流口的沙洲嘴作为上堰北端的护岸，将堰端嵌入沙洲，堰体往南截流建在河道上；利用沙洲下游尾端将下堰西端嵌入作护岸，连接成一条南北向的下堰，这种以沙洲为纽带，上联上堰，下接下堰，组成一条600余米的围堰带，堰上形成一处数十亩面积的蓄水潭，既有利于引水入渠，又增添了堰区山色水景，减轻筑堰工程量。这一构思做法，实在是奇思妙想！是经验、规律和自信使他们大胆作为。一旦沙洲被洪水冲毁或移位，“皮之不存，毛将焉附”则上、下两堰均有被架空的危险而后坍塌冲毁。然而，事实并不是这样，从工程布置图中看，姜席堰充分虑及河流水文及地形特点，巧妙地借用两岸之蛇山、龟山山体、灵山港“S”形河湾及河道中的天然江心沙洲，尊重和掌握河流规律，将这些自然资源进行综合利用并加以改造，以最小的工程投资，最大限度消弭破坏隐患，解决了引水灌溉、防洪度汛、排沙淤积等一系列技术难题。至今，沙洲经近千年的考验不仅丝毫无损，反而常受洪水淹没带来淤泥培积，越来越高，土质肥沃，成为参天竹木连片绿植的景观点、自然生物的栖身地。沙洲的稳固，所携上、下两堰也牢靠，河床也稳定。实践证明沙洲是固堰之本，有了沙洲才有气势古朴、磅礴雄伟的姜席堰，实为天工造物之举，见图5-2。

图5-2 “S”形河湾（县林业水利局供图）

### （三）工程引排

导水是整个枢纽工程有效的组成部分，这枢纽也是灌溉功能的重要载体。第一分水以河道中沙洲为纽带，将上连姜堰，下接席堰衔接成一个整体，形成一条约600米长的自然挡水堰坝，此时，沿左岸蛇山山体蜿蜒的水道，在此处一分为二，形成了内外二江，实现了自动分水。第二引水姜堰位于沙洲头部，主要起截流壅水作用，堰轴线斜向上游与河岸成123° 钝角，使引水道入口成一漏斗状，顺着弯道动力学原理，河道水流量就很容易集中集聚到引水道内。枯水期可拦截上游大部分渠水入引水道，导入灌溉渠道，余水则通过席堰下泄主河道。第三泄沙洪水期间，姜堰所处的外江落差大，带有大量泥沙的高速水流遇姜堰后，快速翻滚下泄入主河道。而引水道则由于落差小，坡度平缓，流速缓慢，流进来的几乎都是泥沙含量较少的表层水，这时冲沙闸一打开，犹如渠底部形成一股暗流，在强大的压力之下，夹泥沙水携带沙石，就蜂拥而泄，通过席堰冲沙闸排入下游，实现了自动排沙的目的。所以根据水情气象和现场水势，适时启闭冲沙闸，及时调整冲沙闸出水量的大小就很有必要，否则会带给溢流堰压力。第四溢流，在沙洲下游约2/3部位设置溢流堰，其泄洪槽横向贯通沙洲，洪水期间将引水道水分流下泄于主河道，减轻了姜堰、席堰的防洪压力，因势利导地防止江心沙洲被洪水冲刷决口。泄槽出口偏向下游，洪水出槽后遇见主河道姜堰洪水和席堰下泄洪水，三股冲击挤压后撞向对岸龟山岩体，犹如三股水由龟山岩挡墙边打了一次“群架”，大家都变得没力气了，这是科学地实现二次消能，然后只好乖乖地、缓缓地纳入下游主河道。姜堰水、席堰水、溢流堰水及冲沙闸出水的作用与反作用力又撞上龟山岩消能，这是水能科学，有效地运用这一原理，就科学地保障了席堰和沙洲工程安全。姜席堰因设在过水流量较大的河道上，受洪水侵袭频率高；古时灵山港是南乡山区主要的水路运输通道，山农常有屏纸、柴炭、竹木等山货用竹木排筏过堰而运抵县城交易，又将日常生活用品逆水运载到山乡，因堰体受洪水及人为物流作用影响大，故古时设计用河卵石干砌石堰坡甚有考究。从姜席堰堰体的工程技术看，经历原始工程、传统工程和现代工程几个历史发展阶段。姜席堰始建时，人们只能用简单的工具，采取就地取材的方法，用松木框、河卵石干筑。新中国成立后，随着科学技术水平的提高和建筑新材料的发展，施工工艺改为用篾笼装河卵石垒叠堆砌，到用水泥砂浆浆砌、水泥混凝土灌浆砌筑加固等几个阶段。姜席堰经过元、明、清、民国至新中国成立，近 700 年经历近百次洪水的冲击考验，其间虽修复无数次，甚至出现屡毁屡建的情况，而其堰址基础及堰身骨架仍无重大损坏与变化。

## 三、独特的“牛栏仓”工程技术

姜席堰坝体块石底下有带榫卯结构的巨木，构成“牛栏仓”，有效防止了坝体地基的下陷。此类用河卵石干砌的砌筑技术，在新中国成立初期，尚有一些老专业石匠能胜任，随着科技和材料的进步，至今已失传了“牛栏仓”结构里的石料钉咬叠砌工艺。在堰四周村庄、大田等设施被毁殆尽的情况下，河道中的姜席堰体骨架却仍保留下来，堪称奇迹，验证了当年选址筑堰技艺的不凡。姜席堰建造就地取材，用大河卵石干砌，堰身埋入河床部分，有青石板连成石壁，紧贴迎水面，防止了地下水的侵蚀，堰体内嵌入松木框，使结构更加稳固。姜堰（上堰）、席堰（下堰）坝体施工，第一步，在溪坝下打松木桩做基础。按照古代的生产力水平，水利施工遇到深潭，没有办法挖到底层基岩的，往往就采取这种固基方式，当地俚语叫“烂污泥打桩”。形成一整个地平面，接着选较大松木料，用古建筑榫卯结构工艺，在大坝现场用榫卯结构做成与大坝长宽、高低、比例协调一致的松木框，互相连成一体，构成枕木框筋络网架，类似现代建筑的钢筋箍框架。当地师傅熟知松木有个特点，曰“干千年，湿千年，不干不湿只半年！”民间也有“水底千年松”的说法，意思说马尾松木在水底下与氧气隔绝，或在梁架上干燥置放着，都可以存放一千年不烂。但如果松木放在太阳晒、风雨淋，譬如用松木材料去做水碓轴承及转轮，那一年半载就腐朽了，这是对松木与水“金兰之交”的最好总结。这样堰体直至堰脚采用松木框架结构，也就是当地百姓俗称“牛栏仓”结构，这种基础最大特点是适应地基沉降能力非常强，可以有效解决山溪性洪水对基础冲刷破坏等问题，大大降低了施工难度，缩减了施工工期，同时也验证了松木“水下千年”的俗语，见图 5–3。第二步，就地取材挑选利用港道上大河卵石或砾岩，大部分从河滩上捡拾，也有少部分开矿选材运至，一般选用三角或

**图 5–3　牛栏仓结构**（黄国平　供图）

多面锥形石为主，往“牛栏仓”结构里叠砌时，一方面注意堰腹堆积体采用大小不一的纯河卵石作腹腔填料，不随意用含沙的混合料填筑，防止沙料受流水冲刷造成流沙，形成腹腔空隙，影响堰体稳固。这也是传统“牛栏仓”结构技术以新的方式延续着生命。因落差大，原有靠牛栏仓（即松木框架）支撑的堰脚砌石因其被洪水淘空而引起堰脚砌石冲毁。马尾松木、河道大卵石，堰体表面采用三合土捣实防渗，起着胶结作用。下游用大卵石铺砌成大缓坡消能护坦，防止基础冲刷。第三步，物色干砌河卵石技艺高超、经验丰富的能工巧匠施工砌筑。“牛栏仓”的原理就是在施工中把靠大坝连接大缓坡的地方都挖开，用古代的榫卯结构将已堆好的松木结构连接起来，形成了方方正正的框架，然而选取的河卵石大、小头钉咬后填缝式的做法，即一层屁股大的放底下，二层小头朝下，三层又是屁股大的放底层，四层小头又朝下，这样循环往复，互相楔合，裂缝用石灰、砂和豆浆等搅拌填充。在一层石料的缝隙中，这样就互相钉咬在一起，接下来，如此上下不断循环层叠。而表面层按照堰坡的标准，将每块卵石坐稳紧密贴实，使堰坡面顺水畅流不挡水，以减轻河水对堰体的冲击力。姜席堰建筑材料以当地松木、卵石为主，合理利用河道中大卵石堆筑堰坝和护岸，既疏浚了河道，减少了河床淤积，同时也增加了河道过流能力，还达到用工省时、省力、省钱功效。在 2012 年水毁修复之前，堰面可清晰看到许多河卵石和裸露榫卯结构的松木框，这些卵石河滩上到处都是，具有就地取材、造价低廉、施工简便等优点，见图 5-4。

**图 5–4 就地取材（卵石、条石砌筑）**（县林业水利局供图）

## 四、巧用的龟山与蛇山

姜席堰选址、设计、建设、运营和管理都遵循天人合一的法则，许多水利工程，尤其是堰坝选址中，都有蛇山、龟山的名称相类似，这也不是偶然的，是讲究风水，符合“蛇龟交媾大吉”的好风水之意，这种形制布局讲究选址和设计科学，具有一定普遍性。这是千百年来中华民族先民掌握和总结出的规律，并在实践中运用。姜席堰选址于灵山江从峡谷过渡到平原的位置，有一定的落差，坝址北面为蛇山，既有利于江水沿蛇山的顺畅逶迤，南面是龟山皆为岩体，坚固稳当，有利于引水和镇水两者融合，在洪水来临前，选有龟山之地，也符合用于阻冲、消能功能作用。分姜堰、席堰分段的设计布局，使泄水前比常规直线堰长出数倍之多，既利于引水纳渠，又起到消力池的作用，有利于稳定堰身。坝址东面为龟山岩体，西面为沿江蜿蜒起伏的蛇山，蛇龟相向，坚固稳当。席堰出水口，梅季荣期泄水流量巨大，冲击力巨大，非常容易冲毁对岸河堤，此时，对面龟山作为挡墙进行碰撞，形成消力减能。姜席堰左岸分布有蛇山、右岸分布有龟山，蛇山蜿蜒前行、曲折浩荡，龟山雍容华贵、临危从容，这两处天然岩体小山异常坚固，地势相对较高，能妥善稳定此处河势。实现人类改造自然又保护生态环境的目的，这是水利科学。

## 五、有效的大坦水大缓坡

姜席堰堰坡，上堰坡高宽比为 1 ： 10 左右，并在坡脚选用较大河卵石干砌成 10 米左右宽的坦水，用以保护堰坡，坦水砌石略低于河床高度。下堰位距上堰 300 余米，过堰水流与主河道水流纵横交错汇合，堰脚地形也较复杂，且相对堰身高于上堰，加之灌区生产生活的需要，需常年引水，堰的常年过水频率高，特别是旱季，过水期较长，因而将堰轴线设计成弧形状，堰坡为 1 ： 6 ~ 1 ： 8，用弧形状来增加堰的过水长度，以减小洪水过堰的单宽流量，并用这些土材料、土办法、大缓坡等施工措施，巧妙解决了坝基被冲洗挖空的工程问题，使二堰历经数百年而历久弥新。堰脚底部用松木框架作垫层以增加堰的稳定性，下泄水流分散冲向主河道，减缓了冲刷力。承载着传统“尊重自然、天人合一”“因势利导、因地制宜”的生态治水原理，体现了古代对自然敬畏、对堰坝和河道各要素系统的思维，蕴含着深厚的技术价值。与现代合金网袋抛石是一样的结构原理，在现代水利工程基础防冲处理和防汛抢险工作中得以广泛地应用，为现代水利工程规划设计、运行管理、水生态文明建设都提供了重要的启示和借鉴作用，见图 5–5。

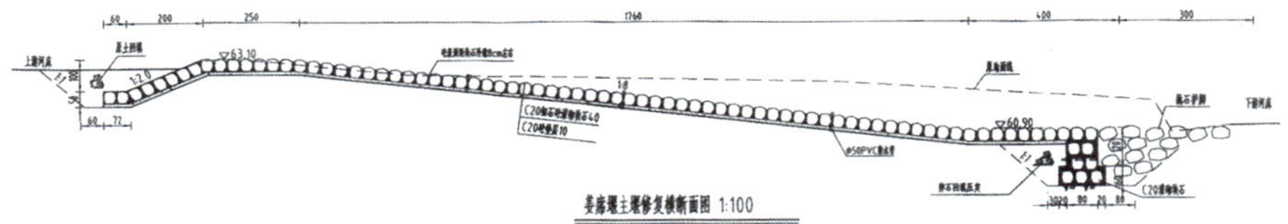


图 5–5　主堰大缓坡断面图（浙江九州治水科技有限公司供图）

## 六、统筹的农业与城市用水

由于地处丘陵，局部渠系落差较大，文献记载17世纪姜席堰有子堰72处，沿渠还设有水碓和筒车等水力工具，便于农户加工和提水灌溉。平时，灌区主要粮食作物是水稻，经济作物以蔬菜、茶叶、柑橘为主，每到收获季节，灌区内山水相映，田畦葱绿，农人劳碌，像一幅令人流连忘返的世外桃源图。姜席堰不仅灌溉农田，还为龙游城内提供生产生活用水。据考证，最早龙游古城引水是通过鸡鸣岩上游与兰石村段的“北泽堰”完成的，到明正德方豪在《北泽堰记》中载，该堰“洪水特惨，夷为平滩无所蓄，沟洫徒设，苗则槁矣，民失其利者垂三十年”。后主政者屡建又因洪水屡毁。1736年，知县徐起岩在征询民意的基础上，引姜席堰水入城濠，从此，城内河渠相连，既解决了消防和居民用水，又使城内“西湖”和“泮池”恢复了旧貌。直至20世纪80年代，姜席堰入城之水还在使用。

## 七、规范的机制

姜席堰为龙游县现存始建年代最早、规模最大、灌溉面积最大、保存最完好的古代水利工程，至今仍发挥其巨大的灌溉作用，具有极高的社会规范管理的价值。

### （一）管理技术

姜席堰灌区工程与渠首枢纽工程一样有着规范的技术要求，光绪十四年二月十三日《知县高英挑挖姜席二堰子堰谕》“兹据堰工局绅董徐复等面禀，以姜、席二大堰名为娘堰，仍有子堰七十二条。其娘堰闭塞如应挑挖，向归业主出钱。刻因修堰尚有余资，无事续捐，自应由局雇人挑挖。至挑挖闭塞子堰，向归佃户出工。”“子堰何图、应需工程若干、应收经费若干，先行确切估明，禀候饬办。”民国二十一年订立《姜席堰管理章程》“第十四条，凡有姜席堰之支堰，于农隙之际，按年须召集各区荫注田亩农民疏浚一次。第十五条，凡姜席堰堰坑及支堰所有水碓，在封堰期内，一律禁止转轮，免阻水利。第十六条，凡姜席堰堰坑岸旁柳条树木，每年由业主剃伐一次，以宽水道。”之后对部分渠段改为混凝土衬砌，部分为干砌石护岸，部分渠段破损待修。新中国成立后，更加重视灌区的规范管理：70年代，对寺后公社实施规划园田化，全面调整姜席堰灌区渠；80年代，龙游县全面对姜席堰灌区渠系重新进行测量设计，配套设施全面完善；90年代，龙游县政府将姜席堰灌区列入农业综合开发项目，按照建设丰产畈要求，对渠道进行完善配套建设，对部分渠道进行三面光衬砌，并沿渠兴建机耕路，路旁进行绿化；2010年，龙游县政府将姜席堰灌区申报为浙江省级现代农业综合区，利用钢筋、水泥，对渠系按现代水利工程的要求，进行了调整加固，古往今来都有着健全、规范的工程管理机制，并认真地遵照执行。

### （二）社会治理

姜席堰的管理实行民主与自治高度融合，“官督”与“民办”结合，职责分明，互惠互助，携手共建。姜席堰始建到现代的管理机构，根据年代不同，组织管理机构从堰董会、堰长制，堰务会、堰工局，到堰管理委员会、堰农田灌溉利用合作社，再到新中国成立后的堰灌溉合作社、堰灌溉协会，最后到现代的堰用水协会等等。把枢纽工程如姜堰、席堰、沙洲、引水渠等采用的材料与工艺造法，都因陋就简，道法自然；运营中的封、开堰机制，

遵循自然，天时、地利、人和，避重就轻，正确处理主次矛盾；管理方式达到高度的、科学的原则性和灵活性相结合，尊重和维护灌区管理制度所设定的社会分工，具有核心主体凝聚力。姜席堰管理所沿袭的生产、生活方式及承荫田收费长期不变。明嘉靖时推官扬州郑道、知县钱仕，明万历年间知县涂杰，明崇祯年知县黄大鹏，清康熙年间知县卢灿、徐起岩等，清光绪知县高英“查开挖子堰，系为荫各图田亩起见，现当春耕伊始，自宜及时筹办，合行谕饬。谕到该生民等遵照，迅即会同各图经理堰事人等，赶紧将娘堰并子堰设法挑挖”，民国二十一年章程规定“按年须召集各区荫注田亩农民疏浚一次”。不管名称如何变化，但都遵循“姜席堰的一切管理事宜均由区董事以及荫注二堰水利农民，共同担任”，农民是水利的主体，水利的事、姜席堰的事就应该由原系城区、五都詹区、官潭区、官村区四区的农民说了算，享有高度堰务自主的权力。新中国成立后各级干部发动农民年年整饬、修复和清淤，大兴农田水利等，光阴流逝，惠风和畅，一方水土养一方人，这需要政德、民风、生产方式、生活习俗、精神力量和对自然尊重的高度融合。

### （三）机制运行

独立运行的自治机构长期有效。以堰长制为代表的民间治理团队，在政府鼎力相助下，有效执行制度，成为履行责任的主体。姜席堰的堰长制深深地影响当今的社会自治，衍生了浙江省河长制并全国推广。封、开堰制度做到生产与生活两不误，为协调灌溉用水和通航而制订，封堰，即将堰口封堵，保证引水灌溉，田间用水量逐步加大，封堰期间，舟筏必须经住堰管理员协调，在不影响灌溉的情况下，在规定的时间段由堰伕撤除部分封堵物，让其有序通过，经过舟筏需交规定的维护费用。开堰，即清除封堵物，打开堰口，让舟楫随主流从堰口流过，此时，说明农田灌溉已经结束。分级管理的责任制有保证。在姜席堰的整个历史过程中，分级管理，分类指导相当明确：母堰的姜堰与席堰及枢纽工程，包括东、中、西主干渠都由正副堰长总负责，经费的筹度、荫田的交费和封堰的运载收费都归母堰汇缴并负责管理；而以下的 72 条子堰，分支的渠道，河岸的衬砌，岁岁的清淤等，承荫田捐钱制，水动力服务化的收费等日常运维，都由堰董负责管理。这种年年岁岁沿袭的分工责职且自觉行动，确保姜席堰灌区灌溉流畅而富庶。堰工局首创堰账县管，《征信录》保障了阳光财务。姜席堰经费管理设堰工局常设办事机构，这是典型的收支经费堰账县管，目的是减少贪腐和挪用，公开收缴承荫田的经费，提高经费收支的运行效率。还刊刻《征信录》，阳光财务，让百姓放心，实施财务公开透明，从而减少猜疑，坚持公开、公正、公平的原则，取信于民。“水可载舟，也可覆舟”引申出水与人民、百姓与官员的关系之重要。

## 第二节　历史文化价值

灌溉工程作为人类重要的物质文明工程，具有重要的历史文化价值。从历代开发和社会发展情况来看，姜席堰的工程遗产价值，主要体现在历史文化价值方面。

### 一、元代以来经济的发展

公元 14 世纪，中国南方人口剧增，农业发展势在必行，许多

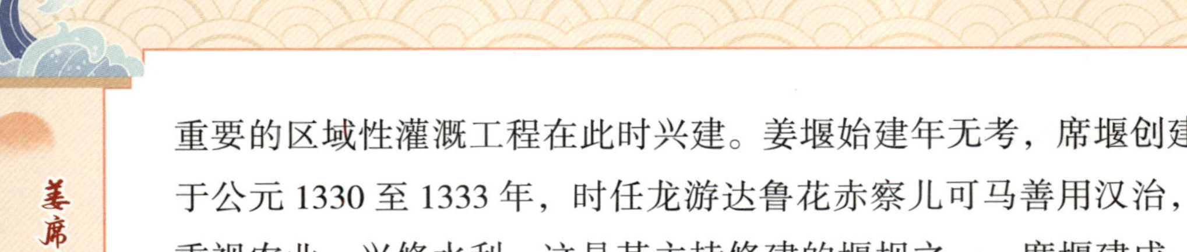



重要的区域性灌溉工程在此时兴建。姜堰始建年无考，席堰创建于公元 1330 至 1333 年，时任龙游达鲁花赤察儿可马善用汉治，重视农业，兴修水利，这是其主持修建的堰坝之一。席堰建成，使其下游 3.5 万亩粮田得以自流灌溉，旱涝保收，使灌区成为龙游县乃至金衢盆地最著名的粮仓，丰收的粮食让龙游县经济飞速发展，以堰兴农、以农兴商，推动了龙游商帮的崛起和当地社会经济的发展。元代时期对龙游的建功是巨大的，粮食的保障，促进农业的发展，也孕育商品经济的高度繁华。姜席堰的建成，从根本上改变了龙南片区的面貌，使其下游的粮田得以自流灌溉，旱涝保收，把原来水旱灾害严重的地区，变成龙游县乃至全省最著名的粮仓，农业经济发展迅速。六百多年来，丰稔的粮食保障龙游县的经济发展，提供了最重要的物质支撑。据不完全统计，姜席堰灌区水利保障后，平均亩产比金衢盆地的其他大田畈的产量都要高 10 至 30 斤，属高产与丰产地，在长期的发展过程中，促进了商业经济的发展。

## 二、提高县城市的发展品质

姜席堰水源远流长，有其多种功用的效能。从建堰初期单一为农业灌溉，延引到城防濠沟、防御战患，为商贸交易、兴旺工商业发展城乡经济，奠定了坚实的水利基础。龙游县有 2240 多年的建县历史，古县城的基本格局又于明代隆庆年间进行完善和体系重建，后姜席堰东渠水被引入护城河，并流经全城，不仅提高了县城的城防能力，更大大方便城内居民的生产生活，城内的水道也成为古城重要的组成部分。姜席堰水成了促进一方经济发展、生活富庶安康的重要设施，因此，历代县官颇重堰事管理，颁布堰渠维修及管理各类法规与制度，都是严加督察执行。



## 三、实现商业人口的转移

姜席堰的修筑对龙游商帮的崛起，起到几方面的重要作用：一是灌区出产的粮食本身就是龙游商帮重要的贸易物资，龙游也成了大米输出地；二是数百年以来稳定高产的粮食为龙游商人的兴起提供了丰富的物质基础和稳定的社会秩序，人民可以在初步解决吃饭问题后，迈开大步经商赚钱；三是为龙游南乡山区盛产的竹木、土纸、薪炭的外运，提供了便利的航运条件；四是安居乐业的人们建立了良好的人际关系，已容易形成志趣相投的小团队，他们一致形成“解愠、阜财”的经商理念。终于有一天，这类群体走上田埂，走向经商之路，成就了金衢盆地一支以龙游商人为核心的“龙游商帮”群体，活跃于全国并驰骋西部内陆，又走向海外贸易，成为中国十大商帮之一。

## 四、化水为利的经典

姜席堰本身为龙游县水利史上规模最大，灌溉面积最大的水利工程，数百年以来在维护管理姜席堰及东、西渠灌区方面，积累了丰富的经验，做到了兼顾、高效、公平，使龙游“南堰北塘”的水利思想从古到今，也成为千百年来施政者治水的基本原则与经典法宝，其管理机制至今仍具有很高的参考价值，这是龙游劳动先民的创造和成就，也是对人类的贡献。龙游稻作文化在当地绵延已久，灌区内有近万年历史的青碓新石器遗址，是当地稻作文明的起源，奠定了钱塘江流域农业文明的基础。姜席堰自元代创建，实行官督与民办的管理方式，有效推动了堰渠可持续运行，

在这种长期运行的管理制度中，孕育了当地丰富而独特的灌溉文化，同时，历代治堰者，每次维修和治理皆有文字记载，其中涉及堰史、制度、水利纠纷、风土民情等各个方面，这些史料传承至今，不仅对于研究区域历史、水利发展史具有重要意义，也从另一个侧面彰显着龙游当地文化的发展脉络。明壬子《龙游县志》童珮论说，“南堰北塘”的水利之法是龙游长期生产中积累经典治水理念，对策也各取其法，因地制宜，实事求是。因水而生，因水而兴。而“农者，民事之本也。欲重农功，必先水利。”水利是农业的命脉，是龙游人在长期生产生活中长期积淀下来物质与精神需求，是黎民百姓自然而然形成的人与自然“和谐共生”的质朴理念，如此，形成了龙游不断改善良好的人居环境，日新月异地创造城市建设，让人民安居乐业，使幸福指数逐年攀升，也孕育出龙游丰富多彩、神奇灿烂的水文化。

## 五、古代工程用于水利

姜席堰的这种管理方式历经692年，去粗取精，扬长避短，不断地完善、规范与提高。古代水利所用的“牛栏仓”结构用在水利工程上，一方面把大坝打开，将大量的松木置于河底，然后把松木做成榫卯结构，一根一根连成一片，形成一个巨大的联合体，四周里面又填满了实料，形成一个封闭的工程体系；另一方面里面的降坡也随着外围的降而降，体现木材的软性，能够将木材的柔软性与石头的刚性结合，体现了刚柔相济的原则。两用木框相连，又用卵石填充，中间掺杂一些用石灰、桐油和豆浆调和的填充物，使堰坝坚固耐用，也不易倒塌。这种古代榫卯结构用在水利工程，一是对“千年水底松”的理解，如此利用可谓创举；另外当然是对榫卯结构的理解。这是古代水利工程的创造。当然，姜席堰一直采取“官督民办”的管理方式。县级官吏直接行使管理职权，将具体事务委派给县乡中有威望的乡绅，再将各项水利事务分派给受益用水户。至迟在16世纪末姜席堰已形成了固定的岁修制度，设有堰长，清代设有堰工局，在府州、县衙的监督下，由乡绅具体负责堰渠维修、管理经费、制定章程等事宜，姜席堰这种官方与民间结合的管理，一直延续至今，保证了姜席堰的可持续运行。

## 第三节　旅游价值

姜席堰地处仙霞岭余脉，建堰理念体现了顺应自然的道家哲学，山水自然融合，具有极好的生态与环境价值。姜席堰南北分别连接龟山和蛇山，堰南的龟山，海拔相对高20余米，屹立在灵山江畔，江水冲击山脚，使江水由北折转西北，保护了龟山后面的几十亩农田，山上绿树成荫，山下汩汩清流；堰北的蛇山，南北走向，蛇头朝南，蛇尾蜿蜒曲折，往北延伸，与营盘山相连，进水控制闸就建在蛇头下。江心洲面积70亩，洲上的植物全是参天大毛竹和常青阔叶树，堰上河面变成了数十亩面积的蓄水潭，形成山水交融的绿岛小气候，是野兔、松鼠、白鹭、猫头鹰等野生动物理想的栖息地，生态功能突出。

### 一、便捷的交通

古人曰：“流水不腐，户枢不蠹。”凡堰水流经之处，汩汩清水常年流淌，带走了污垢，带走了病菌，带来了清新，带来了健康。夏日，人们在渠中沐浴，村妇在渠边洗涤。新中国成立后，

姜席堰渠系经过多次修复和改造取直，灌区田成方、渠成系、路成网、树成行。1994年，灌区列入浙江省农业综合开发项目，沿渠修建了机耕路，道路边坡进行了绿化，栽种水杉、塔柏，其中所有的机耕路都浇筑成水泥路；2019年灌区加宽重修“白渡线”与龙和渔业码头交界处至后田铺，转从山头里经徐呈到官潭的县乡道路，该道列入“95联盟大道”，成了一道亮丽的风景，为工程遗产的景区开发奠定了通畅的基础，行驶在灌区道路上，绿树成行，小桥流水，使人心旷神怡。沿渠的项庄村、半爿月村还成了新农村建设的样板。由于生态环境优越，所在的后田铺村成了长寿村。全村60岁以上老人208人，占总人口的22.3%，90岁以上有7人，老年人口占总人口的比例还高于全国、全省、全县的平均率。

## 二、走向生态经济

姜席堰灌区从传统农业逐步向区域特色农业经济发展。如龙和水产养殖开发有限公司，位于中干渠灌区内，是一家集鲜活淡水鱼养殖、销售、流通、新技术推广、新兴渔业开发、旅游景区开发管理、农业观光服务为一体的浙江省级骨干农业龙头企业。拥有标准化“西湖醋鱼”原料鱼养殖示范基地2500余亩，建设有智能化洁水养殖示范中心、农民培训科普教育中心、国际休闲垂钓中心等三大中心，为浙江省一流的淡水鱼养殖示范园，一流的集农民培训和水生特色科普为一体的教育园、渔文化特色园和一流的国际垂钓竞技园。以它为代表的鱼、虾养殖，苗木种植，观光瓜果采摘等项目已成相当的规模，形成一个灌区生态农业园区。

## 三、走向现代文明

姜席堰传统民主社会管理与西方的社会自治有异曲同工之妙，当下需要向西方学习，还更需要向传统经典学习，不断吸收祖国大地在传统管理中呈现出社会自治的闪光点和一些经验与教训。不囿于简单的社会管理，要加大机构改革的力度，不忘初心，牢记人民，人民才是社会管理的主人，让人民成为社会治理的主体。创造创新社会高度自治的管理模式，减少农民的负担，带领全中国农民增收致富，减少社会管理的成本，真正实现村民自治，走出一条中国特色社会主义的乡村社会管理道路来，创造实施乡村振兴战略的模式，贡献给世界以中国版本。

## 四、对乡村变革的借鉴

民国二十一年制定的《姜席堰管理章程》，林林总总近700个字，言简意赅，内容相当丰富，成为历史的经典。其中第九条“堰长堰董均为义务职”，意思就是堰长、堰董等常设管理人员是不拿工资的，可以连选连任，这与西方的有些社会管理是相接轨的。至此，联想到龙游县所在的浙江省的县、乡、村三级社会管理，近年来不断地践行转变政府职能，从社会管理走向社会治理，村支书和村主任一肩挑，县乡统筹对村两委进行量化积分考核，又尝试对村民代表和党员进行“零基积分”考核，既不越俎代庖，又不放任自流，从而达到社会自治的目标。这些做法应主动积极地从姜席堰管理中不断汲取营养，在实践中去检验去创新，逐渐走向未来现代乡村管理的新路子。

# 第四节　长盛不衰的奥秘

姜席堰承载的传统水利科学技术，内容丰富，具有重要的研究价值，对现代水利工程建设管理、水生态文明具有较大的借鉴意义，突出体现在工程形制特色鲜明、材料选用因地制宜、发展演变与时俱进、管理制度合理有效、生态环境效应良好、社会经济效益显著。姜席堰两堰通过堰顶高程的合理设置，调节控制引水位和引水量，既保障灌溉需水量，多余洪水也可通过堰顶溢流下泄。席堰与进水闸之间建有冲沙闸，防止进水口淤积。借助江心洲分建两堰引水，堰坝就地取材，用河中卵石干砌，堰体内嵌入松木框，使结构更加稳固。姜堰，由南往北与主河道相交，堰形为直线，堰轴线斜向上游与主河道成123°钝角，下游堰面坡比为1 ：8的缓坡，起到了良好的消能作用。在管理制度方面，明代姜席堰已开始实行堰长管理制度，形成了每年由堰长率大甲、小甲岁修的制度。明崇祯年间，严格堰规，定期检查堰坝，基本上每年六月初一封堰，八月初一开堰通航，当地主要官员于封堰之日莅临视察等均已成了惯例。清光绪年间设有姜席堰工局，制定有详细的岁修、经费、封堰、用水管理等相关章程，确保姜席堰的持续发展。所有这一切，也是姜席堰长盛不衰的奥秘所在。

## 一、特色鲜明

体现了“道法自然，治水有度，山水和谐”的基本原则。灵山港水资源时空分布不均，降雨量主要集中在4—10月份，来水量占全年总量的80%左右，但洪水暴涨暴落，水资源利用率极其低下，百姓苦不堪言。姜席堰根据季节变化、荣枯差异，结合地形、河势，建造了曲水蛇山、姜堰拦水、席堰泄洪、“S”形河湾引水、沙洲挡墙、龟山消能的工程形制，调整了河道流量分配及流向，形成自主协调、自我平衡的动态系统，这种自然、简易的水量调节方式，基本满足了下游灌区用水需求，达到相对的水量平衡。看似普通，却是龙游先民劳动的创造，千百年来历史经验的总结，这是一个工程特别的杰作，引人注目，发人深省。

## 二、因地制宜

建造姜席堰的松木、大河卵石和砾石都出自本乡本土，既减少运输的成本，又充分利用本地资源，可谓一举两得。这是实践、总结、再实践、再总结中的经验发挥，如对马尾松“千年水底松”的俗语，农民已口口相传了几百年乃至几千年，这些农民劳动谚语具有相当的科学性，是人们对马尾松这树木材质的高度认知，这种低成本的运用，却收到了大效果，这是效益农业，是科学水利。这般因地制宜、效率优先、生态自然的水利工作思维，很值得当今水利人、施政者的效仿和吸收。

## 三、与时俱进

树立可持续发展的理念，永远是社会发展的主要目标。姜席堰从历史里走来，历尽沧海横流，工程技术、工艺技巧、社会管理、规章制定、制度执行、民主自治、经济效益等，都在“以不变应万变”的继承中发展，从来没有停止过。建筑材料不断更新，劳动力成本加大，现代工具和办法与古代的手段已天壤之别，生产方式转变日甚一日，松木框终会被钢筋箍替代，三合土终会被水泥替代，

"烂糊泥打桩"终会被挖掘机手打开、挖到底并用水泥灌浆密闭替代，都将成为不争的事实，成为不可逆转的历史之潮流。科学、技术、手段都将与时俱进，姜席堰工艺将会不断地迭代更新，始终体现以人为本、可持续发展理念，仍然发挥着巨大效益，造福龙的传人千秋万代。

## 四、合理有效

姜席堰对保障粮食安全具有重要作用，受到历代朝廷和地方官员高度重视，也得到灌区民众的认可和尊崇。在近700年漫长历史中，姜席堰形成了"官督民办"的管理方式，至16世纪末已形成了固定的岁修制度，设有封堰节、开堰节，清代设有堰工局，堰长制，堰长、堰董、堰夫，各司其职，共同维护姜席堰灌溉工程。如今，灌区集约化经营，大田被种粮大户承包，以水为主的效益农业、渔业不断催生，垂钓等休闲产业也应运而生。随着社会不断发展，这种官方与民间结合的社会管理，需要现代社会管理制度注入，社会管理也就应该更加适应受益群体，形成让他们共同参与、建设和管理的社会组织形式，管理更有效契合现代社会管理机制，这也是未来姜席堰持续发展的内在精神动力。

## 五、滋养家园

姜席堰的建造，不仅统筹了左右岸、上下游的用水平衡，也充分考虑了整个灌区老百姓生产、生活的用水需求，还兼顾了灌区工程体系、自然体系和经济社会体系的协调统一。如今，随着经济发展，用水量的大幅度增加，尤其是通过沐尘水库对灵山港实施调节，高标准的渠系工程已实现了新的分布，为拦蓄雨洪、错峰用水、科学配水创造了良好的条件，保障了灌区均衡受益，这是自然生态的和谐，也是美好家园的和谐。浙江作为全国《实施高质量发展建设共同富裕示范区（2021—2026）》先行先试的省，不但经济高质量发展，还要社会文化、生态环境高质量发展；不但城市高质量发展，还要农村、农业高质量发展。姜席堰自然、生态、乡邻、家园、社会共同和谐的发展思路，以人为本、开发有度、协同共生、可持续发展的原则，但愿在建设共同富裕示范区路上鲜花绽开，并使姜席堰延年益寿，永葆青春。

# 第六章　保护及开发

## 第一节　历史瞬间与定格

### 一、申遗过程

#### （一）肇始

2017 年 7 月 17 日，衢州市水利局原局长徐玖如通过绍兴市水利局的引荐，应龙游县水利局邀请中国水利水电科学研究院副总工程师、中国水利学会水利史研究所所长谭徐明教授等专家前来姜席堰实地考察。同日，龙游县副县长余继民召集县水利局局长王胜、县史志研究室主任黄国平对姜席堰申遗可能性进行讨论分析。

2018 年 1 月 16 日，中国水利水电科学研究院谭徐明副总工程师、高黎辉博士、李云鹏博士 3 人来龙游实地考察。在考察座谈会上，谭徐明认为："姜席堰规模虽不及四川都江堰，但很有特色，尤其是水碓、筒车这些传统水利工程文化遗存非常有价值，我看好姜席堰。"高黎辉博士介绍："自 2014 年启动申遗以来，大家越来越重视，今后申遗难度肯定会越来越大。今年有意向申报的项目不少，其中包括都江堰、灵渠"。当与会人员还在犹豫今年申报还是明年申报时，当日傍晚，正在金华的中国国家灌溉排水委员会副秘书长丁昆仑赶到龙游，副县长余继民等人向他详细介绍了姜席堰的“前世”“今生”及“未来”，丁昆仑认为“姜席堰遗产工程保存完整，你们的想法很好，可以争取一下！”余继民当场表态：“有丁主席和谭教授的支持，我们不遗余力，争取今年一举成功！”

2018年1月22日，王胜牵头召开会议，成立姜席堰申报世界灌溉工程遗产临时筹备组，会议形成了申报材料的纲目，落实组织，明确分工责任。28日，王胜牵头召开申报世遗临时筹备组第二次会议，对前期分工撰稿情况进行初步汇总和讨论，查找不足与差距，并分工修改补充，衢州市水利水电勘测设计有限公司也主动参与该项工作。2月2日，姜席堰申遗工作机构成员分头跑现场、走访咨询、寻找资料，补充完成汇报材料和申遗文本编写。4日，余继民率王胜、黄国平等5人前往北京，参加国家灌溉排水委员会2018年度世界灌溉遗产候选名单遴选工作会。5日，余继民向国家灌溉排水委专家组汇报姜席堰工程情况。3月7日，北京传来消息：姜席堰已列入初选名单，抓紧做申遗准备工作。至此，申遗工作拉开大幕。

**（二）迎接初评**

2018年3月3日，王胜率姜席堰申遗筹委会成员到姜席堰及其所在的后田铺村现场踏勘，委托浙江九州治水科技股份有限公司对姜席堰及周围环境状况及下步工作进行梳理和规划。8日，王胜向县政府作专题汇报。随即，县政府决定成立由县长为组长，分管农业副县长为副组长，宣传、财政、规划、史志、国土、文化、旅游、广电、农业、林业、水利等部门及龙洲、东华街道分

管领导为成员的姜席堰申遗工作领导小组。同日，县政府落实专项工作经费 260 万元。启动姜席堰周边整治及配套项目建设程序，确定申遗资料文本编制单位，编制现场整治实施方案，召开动员会，全方位开展生态修复、堤防加固、古建筑修缮，水碓、筒车等传统水利工程设施的恢复重建及文化整理等工作。会上对姜席堰工程整饬、周边规划方案提升、专项环境整治、美化形象工程等五大方面工作进行布置。13 日，县史志研究室牵头，组织县内省级以上书法家协会会员 12 人，书写历代涉及姜席堰的 13 篇碑文，接收“惠我农众”“堰神树”及 11 块碑圭首篆额的书丹稿，用于镌刻石碑排版。同日，王胜牵头召开姜席堰申遗及规划编制工作会议，讨论研究拍摄申遗电视介绍片工作。15 日，上午县史志研究室牵头组织人员采购刻石碑的旧石板，下午申报姜席堰世界灌溉遗工程办公室（以下简称“申遗办”）一行 8 人，到后田铺村落实石碑安置地点、安置地基混凝土浇筑事项。16 日，县申遗领导小组副组长、副县长余继民，牵头召开姜席堰环境整治工作任务交办会。王胜介绍了前期准备工作情况，申遗文本制作单位浙江九州治水科技股份有限公司人员对姜席堰周边环境整治、绿化措施、标牌标示等三方面相关事项提出要求，申遗工作各成员单位人员作了表态发言。最后，余继民布置下一步申遗重点工作任务，明确完成工作任务的期限。18 日，负责石碑镌刻的缙云县石韵石材有限公司杨伟杰等人将采购的旧青石板运至缙云县五云街道公司所在地进行布局设计与排版。排版样式寄回县史志研究室进行来回多轮校对。25 日，石碑镌刻开始，采购青石板、排版核校等工作同时进行。

4 月 9 日，王胜牵头召开申遗办工作人员会议，讨论姜席堰周边整治进度情况，同时对整治费用列支管理事宜进行了讨论。15日，申遗办开始制作18块姜席堰宣传图板，同时启动申报文本编写及视频资料制作。26日，第一批5块手工篆刻老石碑安装完成。28日，姜席堰文化旅游节春耕祭祀民俗活动在后田铺村举行。5月10日，第二批10块电脑刻石碑完成安装，计划镌刻的15块石碑全部完成。12日24时，位于席堰主干渠出水口上的水碓、筒车安装完毕，见图6–1。

**图6–1 谭徐明实地考察**（徐玖如 供图）

### （三）通过初步申报

2018年5月12日，以国家灌溉排水委员会副秘书长丁昆仑为组长，水利部国科司原巡视员孟志敏、水利部农水司原副司长姜开鹏、国家文物局文物司原司长孟宪民、中国水科院副总工谭徐明、国际泥沙研究培训中心原副主任蒋超、浙江省水利厅原副巡视员蒋屏、南京市水利局原局长王凯、河海大学水利水电学院副院长陈菁等15名专家学者，莅临龙游就姜席堰世界灌溉工程遗产候选工程举行评审会议。张晓峰县长出席评审会并致辞，县委常委、统战部部长郑国华全程陪同，申遗领导小组成员单位负责人参加。13 日，上午专家组成员实地考察姜席堰及其附属工程，下午在蓝天清水湾国际大酒店召开评审会，专家组认为姜席堰具备世界灌溉工程遗产的申报条件，一致同意推荐姜席堰申报世界灌溉工程遗产，建议进一步修改申遗文本、完善视频资料。14 日，考评组人员返回。同日，县申遗办及文本视频制作单位对考评组提出的意见再行修改。完善后的文本、视频资料，寄送给中国水利科学研究院，由中国水利科学研究院统一进行英文翻译。23 日，申遗办成员到后田铺村进行民俗文化调查，采访相关民间故事及人物事迹。24 日，申遗办相关单位成员讨论前期工程费用决算事项。6 月初，中国国家灌溉排水委员会，将“姜席堰”“都江堰”“灵渠”“白起渠”（后调整为长渠）四个申报世界灌溉工程遗产项目，统一发送给国际灌溉排水委员会国际执行理事会评审小组评审，见图 6–2。

**图 6–2 现场评估会**（县林业水利局供图）

## 二、列入名录、授予证书

2018 年 8 月 11 日，由县长张晓峰带队，汪立云、黄国平、周土香、刘红卫，加上志愿者石向荣、饶峰、侯志林等共 8 人小组，赴加拿大萨斯卡通，参加第 69 届国际灌溉排水委员会国际执行理事会的“创新与可持续农业水管理：适应气候多变性与气候变化”论坛会议。14 日，加拿大萨斯卡通第 69 届国际灌溉排水委员会国际执行理事会议，“龙游姜席堰”成功入选世界灌溉工程遗产名录，县长张晓峰现场接过国际灌溉排水委员会国际执行理事主席瑞因德授予龙游姜席堰——世界灌溉工程遗产名录牌子与证书，具有里程碑式的重要意义，见图 6-3、图 6-4。

图 6-3　国际灌溉排水委员会国际执行理事会为龙游姜席堰授牌

图 6-4　加拿大萨斯卡通第 69 届国际灌溉排水委员会合影留念

（县林业水利局供图）

# 第二节　遗产保护

## 一、遗产综述

龙游县地处浙江省中西部，县域面积 1143 平方千米，辖 6 镇 7 乡 2 街道，人口 40.4 万，现有耕地面积 36.83 万亩，是传统的产粮大县，水利基础设施在全县经济社会发展中有着十分突出的作用。近年来，新发掘的青碓和荷花山新石器时期遗址，展现了龙游万年的农耕文明史。公元 14 世纪，中国南方人口与日俱增，发展农业势在必行，江南许多重要的区域性灌溉工程，包括江河众多的引水堰坝，也在这时兴建。一座古堰在穿城而过的灵山江上兴建，引水开渠，灌溉了下游 3.5 万多亩良田，至今已运行了近 700 年，这就是姜席堰，不仅用于灌溉，还为生产与生活提供方便。姜堰始建年代无考，席堰兴建于公元 1330—1333 年，时任龙游达鲁花赤察儿可马重视农业，兴修水利，主持修建了姜席堰，堰自创建以来，枢纽布置和工程形式至今基本保持着初建时的形制，是灵山江堰坝体系中保留最完整、最具有代表性的一处，是古代山区河流引水工程的典范。姜席堰由渠首引水枢纽、灌排渠系和控制工程组成。渠首枢纽包括姜堰、席堰、进水闸、冲沙闸。姜、席二堰又分别称为上、下堰，此处灵山江被长 450 米的沙洲一分为二，姜堰在沙洲右侧、位于上游，席堰位于沙洲尾部左侧，处于下游，呈弧形，两堰通过堰顶高程的合理设置，调节控制引水位和引水量，导水顺势经进水闸入灌溉干渠，保障灌溉需水量，多余洪水也可通过堰顶溢流下泄，席堰与进水闸之间建有冲沙闸，防止进水口淤积。历史上灵山江是重要的通航河道，姜堰上设有专门的筏道，灌溉用水时封堵，保障引水，其他时期则打开通航。工程布置充分利用“S”形河湾、江心沙洲、天然河波及河床高差等自然条件，因地制宜，因势利导，共同组成姜席堰兼有引水、排洪、排沙和通航等功能的渠首枢纽。姜席堰古代灌溉渠系共有东、西两条总干渠，历史记载清代康熙年间最多灌溉面积达 5 万余亩。1973 年以后，渠系经过整合优化，目前灌溉渠系有总干渠和东、中、西、官村四条干渠，总长 18.8 千米；四条干渠分设有 15 条支渠，总长度 30.87 千米，主要灌溉龙洲、东华街道和詹家镇所辖的 21 个行政村 3.5 万亩农田，渠道上分布着大大小小的水闸，分别承担着分水、节制和排涝等功能。灌区地处丘陵位置，通过子堰抬高水位，调节引水灌溉，文献记载 17 世纪姜席堰有子堰 72 处，沿渠还设有水碓和筒车等水力工具，便于农户加工和提水灌溉，这种工具一直延续到 20 世纪 70 年代。目前灌区主要粮食作物是水稻，经济作物以蔬菜、茶叶、柑橘为主。姜席堰不仅灌溉农田，还为龙游城内提供生产生活用水，既解决了消防和居民用水，又使城内“西湖”和“泮池”恢复了旧貌，姜席堰确保了入城之水使用，促进了龙游城市的发展和兴盛。自创建以来，姜席堰一直采取“官督民办”的管理方式。县级官吏直接行使管理职权，具体事由县乡中有威望的乡绅负责，姜席堰已形成了固定的岁修制度，设有堰长，清代设有堰工局，在府、县政府的监督下，由乡绅具体负责堰渠维修、管理经费、制定章程等事宜，保证了姜席堰的可持续运行。目前姜席堰由龙州街道、东华灌区用水协会管理，业务上接受龙游县水利局指导。2018 年 2 月，国家灌排委遴选初评，把龙游县姜席堰确定为世界灌溉工程遗产候选工程，5 月 13 日，

正值绿草如茵、百花争艳的初夏时节，中国国家灌溉排水委员会在浙江龙游召开了“姜席堰申报世界灌溉工程遗产专家评估会”。8 月 14 日，在加拿大萨斯卡通第 69 届国际灌溉排水委员会国际执行理事会议上，“龙游姜席堰”成功入选世界灌溉工程遗产名录。姜席堰，是龙游县建设年代最久远、历史记载最完整、管理制度最健全、建筑技术最科学、工程保护最完好，是我国古代灌溉工程的典范，并沿用至今仍然发挥巨大灌溉效益。今天，姜席堰的管理者们，维护这一珍贵的灌溉工程遗产，在区域可持续发展中继续发挥着不可或缺的作用。

## 二、遗产认定

中国作为农业大国，历史上的龙游是以种植为主的农业县，灌溉发展的历史与其文明的历史同样悠久。姜席堰因处于特有的自然地理环境，其灌溉成为龙游农业经济发展的基础支撑。国际灌溉排水委员会国际执行理事会议对龙游姜席堰世界灌溉工程遗产的评价是：1. 姜席堰建成 692 年来，枢纽工程和灌排体系沿用至今，是古代山溪性河流引水灌溉工程的典范。2. 其工程布局、工程技术体现了传统水利中“天人合一”的基本理念，蕴含着深厚的历史文化价值和科学技术价值。3. 姜席堰管理体系和管理制度保障了工程可持续利用，对当代水利工程管理具有多方面的借鉴价值。2018 年中央“一号文件”及《国家乡村振兴战略规划》都明确提出，要“划定乡村建设的历史文化保护线，保护好文物古迹、传统村落、民族村寨、传统建筑、农业遗迹、灌溉工程遗产”，将传承发展提升农村优秀传统文化，作为实施乡村振兴战略的重要内容。姜席堰申遗成功，不仅能使龙游县在用的古代水利工程得到抢救和保护，传承和弘扬水文化，促进水利的可持续发展，而且也是全面贯彻落实“十九大”提出的乡村振兴战略、浙江省委省政府提出的创建“共富示范区”战略部署和衢州市委市政府提出的“发展全域旅游”重大决策的一项重要举措。灌溉工程遗产的保护，既是水利文化的保护，也是粮田土地的保护和利用；灌溉工程遗产内在要求，也促使可持续地维护大型灌区，这比新建相同规模的灌区的投入要小得多，一定程度上也关系到国家的粮食安全保障；灌溉工程遗产的保护，也是乡村振兴战略实施、生态文明建设的重要内容之一。自国家灌排委确定姜席堰为世界灌溉工程遗产工程名录后，龙游县委、县政府把姜席堰遗产保护与开发工作，列入政府工作重要议事日程，县长亲自挂帅指导遗产的保护与开发工作，研究落实工作遇到的各种难题，县财政安排专项经费，全力保障开展遗产修复和保护规划编制，对水毁工程进行修复，对现场环境进行综合整治等，对姜席堰旅游开发的通畅公路进行了整修。下一步，继续全力推进遗产修复保护规划的落地和灵山港流域综合生态治理建设，加强姜席堰灌区基本农田保护并确保灌溉面积不减。

## 三、评估修复

### （一）现状评估

渠首枢纽的挡水工程中，姜堰、席堰基本保留传统型式与结构，现状为2014年修复后的保存；2019年江心洲洪水冲决溢洪道被毁，2020年已全面修复完成，引水困难得到解决；引水工程的进水闸，于1970年代建，亟须除险加固；泄洪工程，筏道通航已经废弃堵筑；冲沙闸工程于20世纪80年代修建仍在使用。乌引工程不是姜席

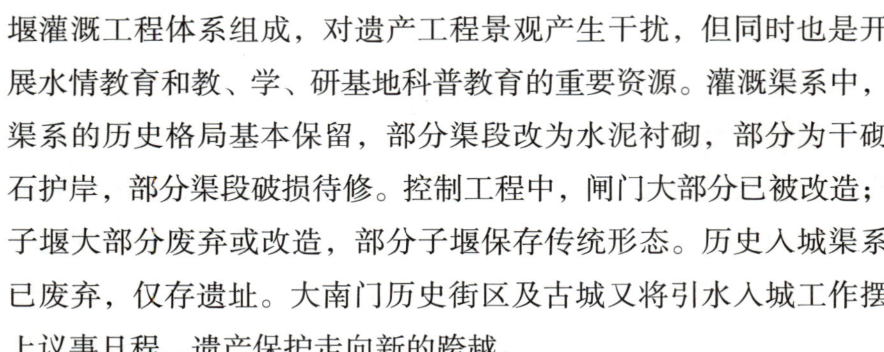

堰灌溉工程体系组成，对遗产工程景观产生干扰，但同时也是开展水情教育和教、学、研基地科普教育的重要资源。灌溉渠系中，渠系的历史格局基本保留，部分渠段改为水泥衬砌，部分为干砌石护岸，部分渠段破损待修。控制工程中，闸门大部分已被改造；子堰大部分废弃或改造，部分子堰保存传统形态。历史入城渠系已废弃，仅存遗址。大南门历史街区及古城又将引水入城工作摆上议事日程，遗产保护走向新的跨越。

**（二）遗产修复**

一方面积极参照遵循世界灌溉工程遗产的法理，切实加强姜席堰的管理和保护；另一方面灌溉工程遗产名录不忘初衷，不断地造福农业，造福农民。

1. 依照遗产保护公约及守则　遵守已编制完成《姜席堰灌溉工程遗产保护、利用和开发规划》，制定姜席堰灌溉工程遗产保护与管理章程，对遗产名录的重点水利设施实施强制性保护，规划明确姜席堰枢纽工程、姜席堰子堰、闸门农田水利工程、姜席堰灌区运行维护工程等保护方向；划定枢纽工程、灌区农田水利工程的边界；明确红线保护范围和建筑控制地带；制定相应巡查管理规定，严禁伐木、挖沙、采石等活动；整修加固堰体及相关配套设施。改善和强化堰长制的传统做法，制定新的用水管理章程，不断提升灌区的农业效益。

2. 工程设施按遗产公约管理　堰体工程施工要尽量遵循原有总体布局，不改变原有堰体结构、原有的建筑材料，尽量采用原有施工工艺，保持文物的延续性。遗产修复措施坚持有历史材料、考古及研究根据；维护及修复方案经过科学论证；使用原材料、原工艺，技术资质控制；适度修复，项目适度、目标适度、措施适度；与水利工程除险加固、改建、维修计划结合。（1）以翔实的史料、调查研究资料、材料分析为依据；有翔实准确并经论证的加固维修方案；有与原结构相同的材料和可行的加工工艺；由训练有素的专业队伍进行施工。（2）渠道岸线、关键工程发生垮塌的，应清理加固或重做基础。尽量采用传统材料。（3）遗产维修与修复，应注重遗产及区域环境的历史风貌。

3. 灌溉面积不减，统筹全面发展　姜席堰渠首工程与灌溉渠系随着农业产业结构向多元化发展和规模化农业的集聚，用水的方式和社会结构也发生了质的变化，当今的灌区农业已向集约化、规模化、效益化农业发展，产业结构有新的调整。随着相配套水利设施出现由分散到集中，由小水利、小动力向大水利、大动力结构变化，同时干渠和支渠两侧的混凝土浇筑，也改变了流速和方向，所以渠首工程与灌溉渠系显得简单，而堰长与堰董的关系，堰局与灌农的关系结构也显得简单，从民生趋向民间的管理方式，更加注重效益的发展。但是规模农业和效益农业讲究生态与环保，而对姜席堰的水质会有更高的要求，与灌区统筹全面发展已成必然。灌区面积不减却效益增加，其下游 3.5 万余亩粮田至今自流灌溉，旱涝保收，使灌区成为龙游县乃至浙江省最著名的粮仓之一，稻谷粮食给县域经济发展提供了最重要的物质保障。近些年来，发展泥鳅、西湖醋鱼等水产特色养殖，大面积棚栽蔬菜、特色水果等，以提高亩产经济效益，发展灌区高品质特色农产品，深入挖掘灌溉工程遗产历史文化，以渠系为脉整合串联灌区内各类文化旅游资源，推动全域旅游、休闲农业、观光农业发展。既坚持灌区水田种植面积不减，又积极引导当地村民投资开发第三产业，以灌区一业带百业、一村带一品牌的特色发展，不断提高农村、

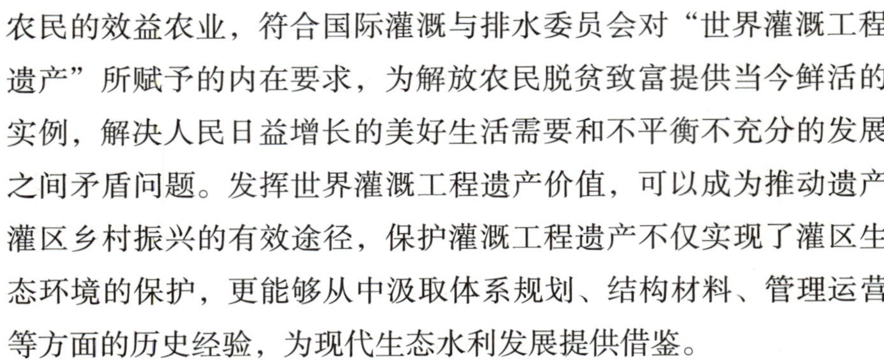

农民的效益农业，符合国际灌溉与排水委员会对“世界灌溉工程遗产”所赋予的内在要求，为解放农民脱贫致富提供当今鲜活的实例，解决人民日益增长的美好生活需要和不平衡不充分的发展之间矛盾问题。发挥世界灌溉工程遗产价值，可以成为推动遗产灌区乡村振兴的有效途径，保护灌溉工程遗产不仅实现了灌区生态环境的保护，更能够从中汲取体系规划、结构材料、管理运营等方面的历史经验，为现代生态水利发展提供借鉴。

## 四、遗产保护

保护姜席堰这一古代水利工程的完好性、持久性，充分挖掘并做好可持续发展这篇文章已成了全社会的共识，灌溉工程遗产遵循持续为农业生产发挥作用。

### （一）加强管理

加强对遗产核心区的保护与管理，介入渠首枢纽和灌区渠系的保护。在明代灵山江水就通过北泽堰为主被引入城内，自西注入四周环濠，后北泽堰为洪水所毁，遂改用姜席堰渠水绕城而西，导其流以入濠，蓄水以备火灾。民国时期仍有穿城水渠。增加了渠系的引水能力，引水入城，提高了县城的城防能力，增加了城市的防洪能力，摆上政府工作的议事日程。届时，大大方便城内居民的生产生活，城内纵横的水道布局，成为龙游县城重要的组成部分。必须加强管理，伴随正在打造的以衢江、灵山江为核心的“龙游湖”建设，龙游新城市将是一座“为有源头活水来”的生态城，为拓宽城市东进、大江北发展奠定基础。

### （二）广泛宣传

认真发动宣传，公元十四世纪，中国南方从战争中走出来，重新成为一个统一的国家，恢复农业势在必行，政府大力倡导大兴水利设施，许多重要的区域性灌溉工程也在这时异军突起。这时候来龙游履任的时任县令察儿可马重视农业，关注兴修水利，席堰是其主持修建的堰坝之一，他亲临、亲历、亲为一线，谋划、发动、组织、督工，官民上下一致，同舟共济，成就了席堰、鸡鸣堰水利工程，使之成为灵山江堰坝体系中，保留最完整、最具有代表性的一处，是古代山区河流引水工程的典范，也是民族文化交融的例证。灌溉工程遗产的保护与开发，首先是保存一种浓厚的民族感情、留下一份美好的历史记忆；其次是保留好古代劳动人民的聪明才智、收藏下千百年来弥足珍贵的水利工程杰作；同时以水利遗产为传统教育基地，增强青少年爱水节水意识，凝聚爱国主义和集体主义精神。

**（三）注重保护**

积极注意保护，使龙游县在用的古代水利工程得到抢救和保护，传承和弘扬了水文化，促进水利的可持续发展，是全面贯彻落实“十九大”提出的乡村振兴战略，实现浙江省委、省政府提出的创建“浙江高质量发展建设共同富裕示范区”战略部署，落实衢州市委、市政府提出的围绕“四省边际中心城市”战略定位。龙游县委、县政府把遗产保护和利用工作列入政府工作重要议事日程，是实施“工业强县，城乡融合，特色竞争”战略布局，是落实好全方位争先的措施。认真落实姜席堰遗产研究并抓好协调、督办、落实工作，补充完善和遗产修复保护规划编制，对现场环境进行综合整治等，力争遗产保护利用跨上新台阶，同时也构筑龙游人民不断创新并努力在共富路上“当龙头、争上游”的精神动力。

# 第三节 走进龙游遗产地

农耕文明是中华文明的重要组成部分，而水利遗产也是一种文化符号、历史记忆和精神寄托。姜席堰所折射的“和谐、同德、力行”价值观，无不是民族精神和社会价值的反映，无不体现了社会主义中国的精神追求和价值理念，使之有强大的发展力，关键付诸具体言行和自觉行动中。中华民族自古就有着积极的价值认知，逐步形成了像姜席堰遗产中呈现的“天人合一、知行合一”的价值认同，指引着民族不断战胜危难，不断前行，也形成了团结爱国、勤劳勇敢、自强不息、顽强不屈的民族精神。

## 一、走进水情教育基地

委托专业人员策划和展陈姜席堰枢纽工程、灌溉工程的水利文化。通过模型、图片、影像、遗留文物等展示龙游的治水历史，通过姜席堰的历史变迁、独特工艺和作用贡献，提升社会公众对龙游历史上的水利建设辉煌成就以及姜席堰的知名度、认知度，并使之成为水利科普、水情教育、生态环保教育和爱国主义教育的重要基地。可以建立姜席堰世界灌溉工程遗产国家公园、国家水情教育博物馆等，统筹保护、展示、旅游开发与传统利用多种功能，让遗产焕发新的活力。同时，将姜席堰及其周边的堤防、堰坝、放水闸门、冲沙闸、渡槽、输水隧道、水电站等水工建筑物，列为中小学生乃至大专院校水利类学生的教育实践基地。当前，通过展览展示、教育培训、互联网等手段，宣传普及遗产知识，挖掘阐释遗产价值。利用水利遗产资源，设计开发蕴含科技知识、生产流程体验、历史人文、科普教育等的文化特色产品或旅游项目，打造具有地域和遗产特色的大中小学生科、研、学基地，讲好水利故事。让遗产走进学校、写进课本，让姜席堰遗产成为一代代人引以为傲的科技精神象征，传承前辈们用勤劳双手创造的奇迹，养育一方人民，其文化内涵、人文精神及水利工程所特有的文物、科普和教化价值无法估量。

## 二、走入历史深处

对古代的堰洞、子堰和水动的水碓、筒车、水车等进行广泛深入的田野调查，整理姜席堰传统祭祀堰神、传统民间信仰和习俗、挖掘撰写姜席堰民间故事和传说，提升文化内涵。申报姜席堰相关的非物质文化遗产名录等。征集实物、查阅文献档案。向社会公开征集与姜席堰相关的实物和文献资料，查阅金华、衢州、龙游等档案馆、博物馆和图书馆存有的文献档案资料并书影保存。编辑《姜席堰志》和策划展陈《姜席堰展示馆》等。让广大群众充分了解姜席堰的掌故、工程、技艺、管理、运营、故事等历史文化，增加游客对姜席堰工程的认知、认同和敬仰。建堰之初就采用的官督民办管理模式，民主管理、民主自治。“官督”一是督办制。元代的达鲁花赤始建席堰，姜文松和席寰泰两员外捐款兴建，明、清、民国历代都采用督办制，官府从来不包揽；二是巡查制。姜席堰修建、运营及汛期的防洪，灌区的用水，县衙就采取巡查制。巡查时间每朝县令各不相同，但见明崇祯黄大鹏县令巡查更加勤政廉洁，每周必须下乡调查一次，或消除安全隐患，或采访民情，或思考研究下步工作对策，下乡到姜席堰，只带一个工作人员，还自带盒饭，不惊动官与民。“民办”的堰长制，

堰董的选举制，决策的民主制，维修的岁修制，管理的分级制。充分体现“自我、自觉、自主、自治”，尤其是堰长制民主管理的方式，经历了近千年的岁月涤荡，历久弥新，沿用至今。这种社会民主治理的方式也值得当今社会民主治理的学习、研究和借鉴。充分利用地形、地貌和地势，进行合理的布局，官督民办的社会治理发挥重要的作用，也使其在现代社会发展中发挥更大的综合效益。

## 三、走近灵山江

灵山江是龙游人民的母亲河，沿江两岸具有悠久的历史文化、众多的自然人文景观。实施打造以姜席堰为轴心的灵山江休闲文化旅游精品线路，进一步彰显古代水利工程的独特魅力。姜席堰是一块旅游的处女地，没有任何刻意的开发和利用，以旅游景区的目标来策划和建设它，刻不容缓，应按景区的旅游“六要素”功能来规划与建设配套它的基础设施。如此专业水平的遗产工程如何深入浅出、通俗易懂地介绍给世人，必须采取科普的方式宣传与教育，寓教于乐，让游客集科普、学习和教育于一体。策划旅游线和编写导游词，整理和编写导游词刻不容缓：把姜席堰灌溉工程遗产文化讲明，把姜席堰水利枢纽文化讲清，把姜席堰所在地的婺剧文化讲鲜，把姜席堰灌区的历史文化讲活。记录在姜席堰东、西干渠上，利用渠水落差而建一些水碓、磨车及提水筒车，至新中国成立后仍在使用的景象。利用渠系充沛的水流和落差，有代表性地复建水碓、提水筒车、倒虹吸等原有水利设施，具有古韵味，使之成为旅游观光的一大亮点。当中显现出民主、公正、生态，既是优秀传统文化彰显，又倡导与规范社会主义新时期科学、友善、和谐，知与行、继承与创新的精神价值；既有传统的家国故乡情怀的体现，也有仁礼、爱人的美德所激发对未来幸福富强生活的追求。

## 四、走向田野

姜席堰依然尊重自然，道法自然，讲究“天人合一”的生态理念，使其在现代社会发展中发挥更大的综合效益，灌区大部分作为浙江省级现代农业园区和粮食主产区，对这些项目实行优化组合，确保灌溉效益农业得到提升，保障灌区面积的持续稳定，通过改旱地为水田、造田造地等农田开发项目，扩大流域的灌田面积，通过多种举措，使灌区在提质增效上做文章，真正实现灌溉遗产可持续发展，为农业生产服务，不断地造福农业，造福农民，造福于人类。确保姜席堰灌区面积不减，灌区大部分属于省级现代农业园区和粮食主产区。2010 年灌区部分区域已列入浙江省现代农业综合高效园区总体规划。对这些项目要实行优化组合，确保灌溉效益农业得到提升，按照国家基本农田保护相关法律、法规，加强土地保护执法力度，保障灌区面积的持续稳定。遗产旅游开发以保护为前提，以科学合理利用为原则，使保护与旅游开发相得益彰，让遗产旅游开发成为人们认识遗产、爱护遗产和积极保护遗产的驱动力。让遗产活化，让遗产转化为文创产品，让遗产转化为生产力，兑现遗产的观光、休闲和度假的价值。实现生态富民，乡村振兴。开发旅游等第三产业，策划和展陈姜席堰枢纽工程、灌溉工程的水利文化，展示龙游的治水历史，让公众了解龙游姜席堰历史上的水利建设辉煌成就，使之成为水利科普、水情教育、生态环保教育和爱国主义教育的重要基地，并列为中小

学生乃至大学院校的教育实践基地，了解姜席堰的掌故、工程和管理等传统文化，增加游客对姜席堰价值的认识。实施打造以姜席堰为轴心的灵山江休闲文化旅游精品线路，按景区的旅游“吃、住、行、游、购、娱”功能来规划与建设配套的基础设施，突出展陈姜席堰独具魅力的“官督民办”的管理模式，其经历了岁月涤荡，历久弥新，沿用至今，这种充分体现“自我、自觉、自主、自治”社会民主治理的方式。广泛开展调查研究，深入挖掘姜席堰古往今来的典型事迹、传统习俗和民间故事，收集和总结古代劳动人民如何克服困难，化水为利的典型案例，研究龙游古代先民姜席堰堰长制，并创新运用新龙游乡村社会治理中。不断增加龙游广大党员干部和群众干事创业的自豪感和荣誉感，激发他们创业、创新的工作热情，不断关心和提高农村、农业、农民的效益，为实现“共同富裕”提供龙游鲜活的例子。

# 附　录

## 姜席堰大事记

### 元

至顺年间，达鲁花赤察儿可马（公元 1330—1333 年任）为导处州源之水，始建席村堰。

### 明

嘉靖四年（公元 1525 年），姜席堰为洪水所坏，推官郑道筑马胫八十丈，以杀其势，又筑砾坝一百五十丈，以固其址。

嘉靖二十二年（公元 1543 年），洪水泛涨，堤防冲决，堰腹马胫沦没无存。

嘉靖二十四年（公元 1545 年），知县钱仕重修姜村、席村二堰。

隆庆五年（公元 1571 年），知县涂杰修姜、席二堰。

万历间，知县涂杰又重修之。

崇祯十三年（公元 1640 年），知县黄大鹏关心民瘼，尤重水利，姜席堰六月初一封堰必亲临视察，发现渗漏，必呼工补塞。

### 清

康熙十九年（公元 1680 年），水灾，堰塞，知县卢灿修浚之。

康熙二十五年（公元 1686 年），姜席堰被洪水冲毁。

乾隆元年（公元 1736 年），知县徐起岩重修姜、席二堰。引水一支西达城濠内，又从太平门入城内，环学舍，汇泮池，经县治之白莲桥折而入濠沿街（现大众路）赴北门水关，与城外灵山江合流注于瀔溪。

光绪十二年（公元 1886 年），知县高英组织乡绅募捐修建姜席堰，设堰工总局，制定较为系统的修堰章程、经费筹措管理和问责制度，印发《重修龙游姜席堰工征信录》。

光绪十二年，姜席堰尚存姜席公户、堰神会、堰神庙等公产，以及姜席管理会及合作社的日常支出费用。

## 中华民国

民国十六年（公元 1927 年），成立由 20 多人组成的姜席堰管委会。浙江省政府向灌区农民赠匾一块，上书“惠我农众”四字，悬挂堰神庙中堂。

民国二十一年（公元 1932 年），姜席堰管理委员会订立《姜席堰管理章程》。

民国二十四年（公元 1935 年）十月，成立姜席堰农田灌溉利用合作社。

民国三十四年（公元 1945 年）

6 月 7 日，董林春等 21 人呈报县政府要求修堰，否则危及农田。指控前管理人胡东柱只收租不管理。堰神庙因抗战中坍塌，省水利厅建设处副处长毛起来龙游视察后，捐出国币 1000 元，用于修庙，同时，县长刘能超也捐款 5000 元并负责修复。因胡东柱未能修堰，要求撤换改选堰长。

10月3日，省政府建设厅厅长任钧督查本县运用合作组织发展水利事业。同日，姜席堰农田灌溉利用合作社筹备会议召开。

10月12日，姜席堰农田灌溉利用合作社公推陈文科为管委会临时主席。

10月26日，县长刘能超令召开姜席堰管委会筹备会。同时要求按组调查受益田亩，于11月15日前推选代表召开姜席堰管委会成立大会。

11月26日，县长刘能超指令以三十四年度《义务劳动实施法》条款，配合疏浚姜席堰。

11月28日，县政府训令城区、官村、詹家、官潭四乡镇遵办姜席堰疏浚工作。

12月10日，官村乡公所呈报设立“兴修农田水利合作业务会议”“理监事委员暨乡水利督查委员会”。

民国三十五年（公元1946年）

1月14日，县议长劳惠人签批“关于切实整顿姜席堰以重水利”提案。

3月16日，县长周俊甫批复县参议会提案转县农会、姜席堰管委会办理。

3月26日，县长周俊甫批复董春林报告加强姜席堰管理若干建议。

4月29日，县政府催办推定人士以便组织姜席堰管理委员会报县聘任。

5月初，詹家乡农会推荐余文吉为姜席堰管委会委员。

民国三十六年（公元1947年）

5月17日，堰长胡东柱呈报县政府“禁止开垦石面潭无粮公滩”。

5月30日，周俊甫责令官村乡严加制止，严禁开垦石面潭，否则派警员传究。

6月7日，董林春等21人联名，向县政府写信反映胡东柱不知堰事、管理不善、堰务废弛、以堰谋私，要求整顿改组姜席堰管理委员会。

6月9日，县党部批复整顿改组姜席堰管委会。

6月14日，周俊甫批文改组姜席堰管委会委员人员由城区、官村、官潭、詹家四乡镇长，县政府建设科长、县党部、县参议院代表为当然委员，四乡镇由农会推荐热心水利人士四位，函送过府召开改组会议。同日，指令堰长胡东柱对后田铺至山头岩堰水毁工程从速抢修。

6月16日，县参议会推荐琚坚参议员为姜席堰管理委员会当然委员。

6月19日，县党部推荐秘书吴玉琳为姜席堰管理委员会委员。

6月27日，姜席堰管理委员会召开改组会议，令堰长胡东柱携历年经费收支簿册到会。

6月27日，选举蒋澄为管委会主任，张绅、吴寿高、吴玉琳为副主任，要求胡东柱于7月5日前造具收支清册、财产目录移交，另开会审查。改组会议纪要提到姜席堰“灌溉农田十一余万亩”。

6月28日，县长聘陈文科等13人为姜席堰管理委员会委员。

8月24日，县参议会通过“修浚姜席堰案”决议。

8月24日，董林春报称大堰滩头护堰杨木被欧阳羊古砍伐14担做柴。同日，县长周俊甫手令警察局长王学莹传讯核实。

8月27日，县政府发函县警察局《为窃犯欧阳正根壹名移司法处请贵处法办由》。

8月28日，蒋澄因建高扶堰及白坂路请辞姜席堰管委会主任，要求另推主任。

9月8日，县水利协会第二次会议讨论第四案议决“姜席堰组织与修浚人选”

10月9日，通知堰务委员12人，于15日下午1时在城区镇公所召开姜席堰管理委员会第三次会议。

民国三十七年（公元1948年）

2月14日，官村乡第二届乡民代表大会主席董淡泉呈文，要求姜席堰管委会从速抢修姜席堰松毛墩段堤坝。

2月28日，县长指令姜席堰管委会抢修松毛墩段堤坝。

3月4日，姜席堰管委会主任张绅向县政府呈报“抢修堰口以防洪水冲坍堰身，治标工程需稻谷八千市斤”。

3月11日，县议会就“铲除沙洲新建土塘，以免防害姜席堰”决议案，发函县政府，要求警察局3月31日前严厉执行具报，并立碑。同日，县参议会通过“抢修姜席堰决议案”，借垫积谷80担呈请省政府核示。同日，县长周俊甫行文报告省政府沈鸿烈主席，借积谷修姜席堰坍塌堰口护堤，报告提及姜席堰“灌溉面积6—7万亩”。

3月31日，县长派警员公示，永禁开垦。

4月1日，省政府主席沈鸿烈指令同意借积谷修堰，饬令“快速抢修”。

4月6日，姜席堰管委会呈报县政府，要求四乡镇每乡镇装灌篾笼30只，人工80工，请求转办。

4月14日，县政府指令“利用劳动服役抢修护堤”。

4月15日，县政府令姜席堰治标工程四乡镇配合实施抢修。收张绅报告后同日县政府批复准备清查田亩。

4月13日，第五保长陈志敏证明，曾寿生具保结书于农历3月底前，一律铲除新建土堰。

4月22日，县长周俊甫令曾寿生于石面潭铲去沙洲垦田，要求姜席堰管委会立碑禁垦。

5月2日，姜席堰管委会主任张绅呈报抢修工程结束调查股办事要点。

5月3日，呈报姜席堰竹木过堰收费标准。

5月11日，姜席堰呈请县派员测绘本堰受益田亩。

5月17日，县长饬令地籍整理处派员测绘受益田亩。

5月19日，县政府聘请董佩琳、林以盛为姜席堰管理委员会委员。

9月7日，县田赋粮食管理处呈文“归还姜席堰管委会借积谷复请查照”。

10月8日，在堰神庙召开姜席堰灌区管理会议，讨论设计护堤工程、堰坑及侵占堰身等事宜，县长周俊甫、议长劳惠人参加。

10月16日，县长周俊甫令派本府技士吴相义先行测量绘图设计建筑姜席堰挑水坝。

同日，县政府布告，派技士吴相义、科员王承宪、警员叶绿森对姜席堰堰坝、堰渠维修过程中侵占堰身等相关问题进行调查。

11月25日，吴相义呈报县议会，全长45华里姜席堰渠，只赖职工负责全堰头尾，兼顾莫及，怕错度农闲良机请求迅速整改。同日，县长周俊甫发文姜席堰管委会“为该堰掘除侵占堰身一案迅拟具有效办法报府核办”。

民国三十七年（公元 1948 年）末，姜席堰管委会组织修筑堰沟水闸工程，抢修护堤。

## 中华人民共和国

1950 年春，人民政府拨给大米 7.4 万斤，砌石护岸 388 米，投工 6212 工。

1950 年土地改革基本结束，国家开始征收农业税，龙游县开展查田定产，土地按水利、土质等条件，划分三类，农业税按三类税率计征。寺后、西门畈全部划为一类土地，按最高税率计征，对国家贡献巨大。

1954 年，寺后农场始种双季稻成功。次年全面推广，产量骤增，寺后畈成了闻名的“粮仓”。

1955 年 6 月，灵山江发生百年一遇洪水，冲毁姜席堰防护堤坝及渠首进水闸。是年 10 月修复进水闸及防洪堤坝。

1961 年至 1962 年，姜席堰进行全面维修，堰面浇混凝土加固加高，堰脚砌石加宽三米，并修建进水闸。

1958 年，灵山江受溪口黄铁矿矿渣污染，流域水质酸化，鱼虾绝迹，良田板结。

1950 年至 1960 年，因建巨兰路、太平西路、巨龙路等先后拆除龙游县城老城墙，原入城渠道及护城河遂废弃不用。后随着龙游县城城市化进程，龙游县县城面积不断扩大，老城区已经不再使用姜席堰渠水，但新城西部仍有部分社区使用姜席堰渠水。

1961 年春至 1962 年冬，姜席堰全面修建，渠首进水闸改用铸铁启闭闸门 4 台，共投资 1 万元。

1964年5月，姜席堰管委会被评为上年浙江省级水利管理先进单位，省长周建人颁发奖状。

1970年，将东西两渠上段裁弯取直，同时修浚渠道。

1971年，重修上堰坝体，用块石1000余立方米。

1973年，寺后公社规划园田化，灌区渠系作全面调整，废除自进口至兰石村一段干渠，改由西山王至狮子桥头入灵山江。

1980年，兴建乌溪江引水工程，施工中虑及姜席堰的水量变化，在乌引干渠建分水闸及水电站，以补充姜席堰水源。同年，席堰堰底块石被洪水冲垮，露出带榫卯结构的松木枕木，再现了“牛栏仓”的筑坝方法。

1982年，修理上堰筏道，投资0.9万元。

1986年，县水电局对姜席堰及渠系全面测量设计，抓好配套建设。下堰东端增建排洪冲沙双孔闸一座。省人民政府以粮食生产专项资金补助11万元，县政府补助3.4万元，灌区集资6万元，投劳2万工。

1987年冬至1988年冬，继续衬砌渠道3550米，共投资13万元。

1994年至1995年，县政府将姜席堰灌区列入农业综合开发项目，对渠系进一步配套建设。渠道进口与“乌溪江引水工程”水电站（姜席堰电站）尾水渠道相衔接，共投资238万元。

2006年4月28日，姜席堰被龙游县人民政府重新公布为“龙游县第三批重点文物保护单位”。

2007年，浙江省社科院“钱塘江流域开发史”课题主持人陈雄对姜席堰实地考察，与冯利华合著《钱塘江流域水利开发史》，由中国社会科学出版社出版。

2009年，在姜席堰所在的后田铺村农户发现民国时期的“惠我农众”匾额，后收藏于县博物馆。同年11月3日龙政办发〔2009〕117号文件“关于划定龙游县重点文物保护单位保护范围、建设控制地带的通知”，明确姜席堰的保护范围：以堰体上、下游各200米的灵山江河段；距堰南、北两岸堤坝各100米范围。建设控制地带：以保护范围向外至300米界以内。

2010年，姜席堰灌区列入浙江省级现代农业综合区，对渠系进行了配套加固，今天现有渠系布局系当时配套整理后面貌。

2011年1月7日，省人民政府公布姜席堰为“浙江省第六批文物保护单位”。

2013年姜席堰按文物保护要求全面重修。姜堰工程于当年9月底完工，席堰于次年5月完工。

2014年，姜堰右坝头增设进水闸一座，并新建管道和明渠与庆丰堰灌溉渠道连接，引水至下游官村、上下杨村等，自此，右岸农田一改从前提水灌溉为自流灌溉。

2016年3月21日，浙江省人民政府批复了由龙游县人民政府（2015年7月22日）申报的省保单位的红线保护范围和建设控制地带。

2018年5月，姜席堰通过国家申报世界灌溉工程遗产初选。

2018年8月，姜席堰成功入选世界灌溉工程遗产名录。

2019年7月9日，受灵山港流域特大暴雨影响，姜席堰江心沙洲溢洪道被冲毁，近20棵直径在30厘米以上的樟树、枸树和榆树被毁，工程全毁，被撕裂开约50米宽的大口子。同年12月，工程总投资约800万元，修复内容为江心沙洲四周570米、溢洪道两侧181米缺口回填固土、生态护岸751米。修复后沙洲四周护岸高程由原63.2 ~ 65米加高至65米；溢洪道按冲毁前

6 ~ 7 米宽恢复，河道底部采用 40 厘米厚的生态格网网垫，上铺 40 ~ 60 厘米沙砾料；两岸护脚采用生态格网网箱防冲刷，护岸坡比为 1 ： 3，生态袋防冲刷。同时，溢洪道进口处恢复跌水堰，中下游处新增 2 座跌水堰，减缓水流流速。

2020 年为保护江心沙洲，财政投入资金 430 万元，在原址上游地段恢复重建了位于席堰下游约 400 米处的石面潭堰，这座古堰有记载历史，目的抬高姜席堰下游河道水位高程，降低水位落差，减缓水流流速，防止江心沙洲冲刷破坏。堰体平面上呈“S”形曲线，断面为多级跌水生态堰。坝轴线与水流方向成 90° 正交，堰顶高程 59.20 米，堰顶宽 2.5 米。堰体采用 C20 砼浇筑，下游设置 3 级小台阶式跌水，每级宽 2 米，堰面采用 M15 浆砌仿古条石，堰顶设置条石汀步。堰下游出口消力池宽 8 米，深 0.5 米，采用 C25 钢筋砼厚 40 厘米，下垫 10 厘米厚碎石垫层，消力池底板高程为 58.10 米。坝头新增 2 处插板松木闸门，宽 0.6 米高 0.5 米，为方便检修。

# 参考文献


[1] 谭其骧主编.中国历史地图册.北京：中国地图出版社，1982.

[2] 龙游县民间文学集成办公室编.中国民间文学集成龙游县故事卷，1990.

[3] 胡礼舟主编.龙游县志.北京：中华书局，1991.

[4] 龙游县民间文学集成办公室.中国民间文学集成龙游县歌谣谚语卷，1992.

[5] 向阳编著.华岗传.杭州：浙江人民出版社，2003.

[6] 陈学文.龙游商帮研究·近世中国著名商帮之一[M].杭州：杭州出版社，2004.

[7] 洪波，洪明骏，张晖，中国龙游婺剧文化[M].北京：中国戏剧出版社，2007.

[8] 龙游县史志办公室编.龙游地方文化丛书·人物.杭州：西泠印社出版社，2008.

[9] 龙游县水利局编.龙游县水利志.北京：团结出版社，2010.

[10] 蒋乐平，雷栋荣编著.万年龙游·龙游史前文化探源.北京：中国文史出版社，2016.

[11] 劳乃强主编.龙游县志.北京：方志出版社，2017.

[12] 龙游历史文献集成：明壬子·万廷谦·龙游县志 [M]. 北京：国家图书馆出版社，2017 年影印本.

[13] 龙游历史文献集成：清康熙·余恂·龙游县志 [M]. 北京：国家图书馆出版社，2017 年影印本.

[14] 龙游历史文献集成：民国·余绍宋·龙游县志 [M]. 北京：国家图书馆出版社，2017 年影印本.

[15] 龙游县地名办公室编. 龙游县地名志. 北京：方志出版社，2017.

[16] 黄国平，王胜编. 龙游史志——姜席堰专刊. 龙游县地方志学会，2018.

[17] 徐久如编. 衢州水文化——姜席堰专刊. 北京：中国国际广播出版社，2018.

[18] 雷伟斌主编. 龙游年鉴·2021. 北京：方志出版社，2021.

# 结　语

习近平总书记在党的十九大报告中指出："坚持人与自然和谐共生，必须树立和践行绿水青山就是金山银山的理念，坚定走生产发展、生活富裕、生态良好的文明发展道路，建设美丽中国，为人民创造良好的生产生活环境"。可见，世界灌溉工程遗产遵循持续为农业生产发挥作用，保护姜席堰这一古代水利工程的完好性、持久性，做好可持续发展这篇文章成了全社会的共识。

姜席堰是古代龙游人民智慧和汗水的结晶，是龙游先民战天斗地创造的劳动成果，是龙游人民群众伟大的工程技术创举。对龙游县元代以来经济发展史的研究，对龙游县建城史的研究，对"龙游商帮"的研究，对龙游水利史、交通史的研究提供重要信息、参数和实例，这都为乡村振兴提供有效的载体。总结和发扬姜席堰灌农的杰出经验和创造，广泛开展调查研究，深入挖掘古往今来的英雄创造、典型事迹、传统习俗、民间故事。恢复灌区中具有独特魅力的水动力设施，收集和总结古代劳动人民如何克服困难，化水为利的典型案例。研究龙游古代先民姜席堰堰长制的创新管理。整理有效可行的方案，运用到龙游乡村社会治理中。增加龙游广大党员干部和群众干事创业的自豪感和荣誉感，激发

他们创业、创新的工作热情。综合开发效益农业、效益渔业和旅游产业。积极引导当地村民投资开发第三产业，做到以姜席堰“一业带百业，村村有一品”的特色发展，不断提高农村、农业、农民的丰收。高度契合国际灌溉与排水委员会对“灌溉工程遗产”所赋予的内在要求，为解决“共同富裕”提供鲜活的例子，也解决人民日益增长的美好生活需要和发展不平衡矛盾问题，努力实现现代化农业的跨越。

水利文化遗产承载着底蕴丰厚的水文化，是中华民族传统文化的重要组成部分，是中华民族智慧的结晶和巨大财富。结合灌溉工程遗产的核心价值，一方面增强各级党政领导对水利文化遗产保护意识，本着实事求是的精神、历史发展的眼光、为后代积福的心态，介入水利遗产保护与管理，发挥它的独特作用；另一方面让水利工程遗产唤醒县乡村各级领导，化作抢救、保护、传承和弘扬的强大力量，好好开发利用，在传承中提升价值，在传承中不断完善、进步和发展，造福现代社会和子孙后代。结合各行各业，以身边事、身边人教育激励大家创业、创新精神，让遗产内化于心，外化于行。坚持龙游在地化教育，落实好全县上下，同心同德、励精图治、干事创业、担当作为、创优争先的要求，在壮大经济实力、提升城市能级、增强创新能力、推动绿色发展、改善人民生活、强化党建统领上久久为功、奋勇争先，努力在共富路上“当龙头、争上游”，走在前列，永立潮头。

姜席堰灌溉工程遗产这一品牌已落户，“星星之火，可以燎原”，举全县全社会之力，以更大的决心、更明确的目标、更有力的举措，推动龙游县农业全面升级、农村全面进步、农民全面发展，谱写新时代乡村全面振兴新篇章，人们拭目以待。姜席堰一定能为实现“浙江高质量发展建设共同富裕示范区”示范建设中增光添彩！

世界灌溉工程遗产姜席堰，明天会更好！

# 后 记

水是一切生命的源泉。水关乎百姓幸福，关乎经济发展，关乎社会和谐稳定。姜席堰申遗成功进行全方位的报道和宣传，浙江省委省政府高度重视并将其列入政府工作报告，列入了浙江文化基因解码项目，极大地鼓舞了龙游县干部群众，为姜席堰作出不懈努力的龙游县“申遗”团队的同志们，更加心情难以平静。编著者作为“申遗”直接参与人、见证者，着手编写《龙游史志》（姜席堰专刊），专刊不求文采飞扬，只求平实地反映历史，印刷1万册，分发给所有机关单位、学校、宾馆酒店和休闲娱乐场所，得到良好的普及与宣传，获得全社会的认可，受到领导的点赞，引发了大家的思考。

中国水利正步入前所未有的建设黄金期，战线长、领域多、范围广，攻坚战正在如火如荼展开，水利人当以史为鉴，以遗产为镜，大力弘扬人、水、自然和谐相处，传承遗产文明，传播遗产文化，弘扬遗产精神，引领现代水利事业科学、和谐、健康发展，避免顾此失彼、急功近利，才能使之成为千秋伟业的基石。

2020年，《世界灌溉工程遗产丛书·中国卷》入选国家出版基金资助项目。姜席堰为丛书的一卷，落实到编著者进行编撰。编著者感到莫大的荣幸，也倍感压力大，毕竟自己的专业、格局和眼见有局限，然而编著者还是很有信心，也很用心，在编写中学习、在学习中请教，争取完成这项艰巨而光荣的任务。怀揣着对家乡的深情热爱，怀揣着对水利文化的眷恋和忠诚，怀揣着强烈的事业心和责任感，编著者到龙洲街道后田铺、洪呈二村进行多次实地考察和采访，又分别到灌区各村野外实地调研、搜集资料，获得丰富的第一手资料。接着开始拟编纲目，分工从档案、文献里收集文字、图片、影像资料，在过程中，得到龙游县林业水利局各有关科室、县档案馆（史志研究办公室）及后田铺、洪呈村委会的大力支持与协助。编写初稿，夜以继日，伏案笔耕，反复校对，几易其稿。滴答、滴答之间，历经一年半的努力，终于完稿付梓。

本书编撰过程中，同事方冬成提供最基础的文字资料，同行叶仲魁、严家骥、吴土根三位老人提供第一手的原始资料，劳乃强对整书统览后提出了许多宝贵的修改意见，欧阳锡龙、陈捷、郭伟平、王华慧为文字、打印和整理提供了服务。中共龙游县委书记祝建东拨冗亲自过目并题写了序言，中国水利学会水利史与水利遗产专业委员会主任委员谭徐明教授对本书编撰非常关心并给予指导，在此，向他们致以衷心感谢！

由于编辑的时间紧，姜席堰一些史料、事实和谜团一时无法考证到位，加上编著者自身的水平有限，存在许多不当之处，敬请读者指正。

编著者

2023 年 2 月

**图书在版编目（CIP）数据**

灵江秀水处　龙游青山间：姜席堰 / 黄国平，周土香著．-- 武汉：长江出版社，2024.7
（世界灌溉工程遗产研究丛书 / 谭徐明总主编．中国卷）
ISBN 978-7-5492-8805-2

Ⅰ．①灵… Ⅱ．①黄… ②周… Ⅲ．①堰－水利史－龙游县－元代 Ⅳ．① TV632.554

中国国家版本馆 CIP 数据核字（2023）第 055967 号

**灵江秀水处　龙游青山间：姜席堰**

**LINGJIANGXIUSHUICHU LONGYOUQINGSHANJIAN：JIANGXIYAN**

**黄国平 周土香　著**

**出版策划：** 赵冕 张琼
**责任编辑：** 李恒
**装帧设计：** 汪雪 彭微
**出版发行：** 长江出版社
**地　　址：** 武汉市江岸区解放大道 1863 号
**邮　　编：** 430010
**网　　址：** https://www.cjpress.cn
**电　　话：** 027-82926557（总编室）
027-82926806（市场营销部）
**经　　销：** 各地新华书店
**印　　刷：** 湖北金港彩印有限公司
**规　　格：** 787mm × 1092mm
**开　　本：** 16
**印　　张：** 16.75
**彩　　页：** 4
**字　　数：** 190 千字
**版　　次：** 2024 年 7 月第 1 版
**印　　次：** 2024 年 7 月第 1 次
**书　　号：** ISBN 978-7-5492-8805-2
**定　　价：** 98.00 元